化学实验室安全管理

顾小焱等　编

科学技术文献出版社
SCIENTIFIC AND TECHNICAL DOCUMENTATION PRESS
·北京·

图书在版编目（CIP）数据

化学实验室安全管理 / 顾小焱等编. —北京：科学技术文献出版社，2017.5（2021.10重印）

ISBN 978-7-5189-2593-3

Ⅰ．①化…　Ⅱ．①顾…　Ⅲ．①化学实验—实验室管理—安全管理　Ⅳ．① 06-37

中国版本图书馆 CIP 数据核字（2017）第 080941 号

化学实验室安全管理

策划编辑：于东霞 丁芳宇 责任编辑：李 鑫 责任校对：张吲哚 责任出版：张志平

出　版　者	科学技术文献出版社	
地　　　址	北京市复兴路15号　邮编　100038	
编　务　部	（010）58882938，58882087（传真）	
发　行　部	（010）58882868，58882870（传真）	
邮　购　部	（010）58882873	
官 方 网 址	www.stdp.com.cn	
发　行　者	科学技术文献出版社发行　全国各地新华书店经销	
印　刷　者	北京虎彩文化传播有限公司	
版　　　次	2017 年 5 月第 1 版　2021 年 10 月第 12 次印刷	
开　　　本	880×1230　1/32	
字　　　数	153千	
印　　　张	6.75	
书　　　号	ISBN 978-7-5189-2593-3	
定　　　价	28.00元	

《化学实验室安全管理》编写组

（按姓氏拼音排序）

陈维明　顾金凤　顾小焱　郭建国

胡　岗　凌　芳　刘征宙　马兰凤

郑　琦　周晓伟

前　言

化学实验、试验、分析检测等都是在实验室进行的，实验室的安全管理是实验室管理的重要部分，在实验过程中涉及化学品、水、电、气的安全使用，仪器设备的正确操作，化学试剂的安全使用与管理，放射源及具有放射性样品的安全使用与管理，实验产生的三废处理及放射性样品残存物的处理，还会经常遇到高温、低温、高压、真空、高电压、高频和带有辐射源的实验条件与仪器等。这些关系实验人员人身安全及环境保护等诸多问题，若缺乏必要的安全防护知识，会造成生命和财产的巨大损失。因此，实验室必须建立健全以实验室主要负责人为主的、各级安全责任人安全责任制和各种安全制度，加强安全管理。

近年来，实验室安全事故尤其是化学实验室安全事故仍不断出现，造成了人员伤亡或财产损失。例如，2015 年年底，清华大学何添楼二楼一化学系实验室做常规的催化加氢实验时氢气瓶意外爆炸，发生火灾事故，导致 1 名博士后实验人员腿伤死亡；2016 年 9 月，东华大学化学化工与生物工程学院合成实验室在进行氧化石墨烯实验时发生了一起爆炸，其中 2 名学生因化学试剂爆燃导致眼睛和面部灼伤，伤势较为严重。

我国政府对全面加强安全生产源头管控和安全准入工作做出了重要决策部署，颁布了《中共中央、国务院关于推进安全生产领域改革发展的意见》和《标本兼治遏制重特大事故工作指南》（安委办〔2016〕3号）等一系列文件。要求各企事业单位做实、做细重大安全风险的排查和分级分类的管控工作，着力构建集规划设计、重点行业领域、工艺设备材料、特殊场所、人员素质"五位一体"的源头管控和安全准入制度体系，减少高风险项目数量和重大危险源，全面提升企业和区域的本质安全水平。

任何事物的发生和发展都有其规律可循，通过对实验室安全事故的因果性、潜在性、偶然性和必然性分析，不难发现，在化学实验室安全事故中，人为因素占主要地位。安全意识淡薄是导致实验室安全事故发生的重要原因，通常由个人不规范行为和失误而导致的事故占较大比重。根据中国台湾慈济大学实验室安全卫生教育训练教材，实验室安全事故中由于人为引起的事故比例占98%。由此可见，人为因素在事故预防和发生中起决定性作用。

按照发生概率和危害程度大小划分，化学实验室安全事故主要表现为火灾、爆炸、毒害3种形式。火灾事故多数是由非正确使用或管理电源、不当操作、线路老化等原因造成；爆炸性事故多发生在具有易燃、易爆品或压力容器的实验室；毒害性事故多发生在储存有化学药品和剧毒物质的化学化工实验室。火灾、爆炸、毒害，以及机电伤人及设备损坏事故的发生，多与违规操作、设备老化和管理不善等原因相关。化学实验室安全管理还面临着安全意识淡薄、安全体制不健全、安全教育系统性差等问题。

化学实验室安全是实验室建设和发展的重要组成部分，是一项系统工程。实验室从新建伊始的规划设计到建设期间的改建、扩建，直至建成之后的运行维护，始终要有安全理念贯穿其中。因此，企业或研究院校需要在实验室建设过程中的每个环节加强安全隐患的排查，将安全隐患消灭在萌芽。同时，需要对实验室安全工作进行系统设计与规划，建立和完善安全管理体系，加强员工的安全教育，开展安全领域的学习研究，通过制度化、规范化和标准化建立长效机制，以保证实验室的可持续安全管理。为此必须强调以下三点。

1. 广泛开展安全教育，提高实验室员工安全素质

安全教育是化学实验室安全管理的重要内容，是保障化学实验室安全的重要措施和关键所在。要建立严格的化学实验室准入制度，做到未经安全培训、未通过考试，任何人都不得进入化学实验室。

2. 明确安全管理机构，建立安全管理体系

化学实验室安全管理体系是一项综合管理体系，包括完善的管理体制、健全的管理制度、安全的教育制度和可靠的安全技术。在建立和完善管理体制的基础上，还需要按照《中华人民共和国固体废物污染环境防治法》《实验室工作规程》《消防安全管理规定》《易制毒化学品管理条例》《废弃危险化学品污染环境防治办法》等相关国家法律法规制定实验室技术安全管理条例、实验室安全管理规章制度，逐步健全实验室安全与环保管理制度。

3. 深入开展安全研究，逐步建立长效机制

通过制度化、规范化和标准化来建立实验室安全的长效机制；通过大力倡导实验室安全文化，树立安全的价值观念和社会责任意识，运用科学的管理制度和安全技术，为人类建设一个持久安全的物质家园和精神家园。

一、安全文化

安全文化的概念最先是由国际核安全咨询组（INSAG）于1986年针对核电站的安全问题提出。1991年出版的《安全文化》（INSAG-4报告），给出了安全文化的定义："安全文化是存在于单位和个人中的种种素质和态度的总和。"文化是人类精神财富和物质财富的总称，安全文化和其他文化一样，是人类文明的产物，安全文化能为科学实验、生产、生活、生存活动提供安全的保证。

安全是从人的身心需要的角度提出的，是针对人及与人的身心直接或间接相关的事物而言。然而，安全不能被人直接感知，能被人直接感知的是危险、风险、事故、灾害、损失、伤害等。

安全文化是安全理念、安全意识及在其指导下的各项行为的总称，主要包括安全观念、行为安全、系统安全、工艺安全等。安全文化主要适用于高技术含量、高风险操作型企业，在能源、电力、化工等行业内重要性尤为突出。所有的事故都是可以防止的，所有的安全操作隐患是可以控制的。安全文化的核心是以人为本，这就需要将安全责任落实到具体工作中，通过培育员工的安全价值观和安全行为规范，营造自我约束、自主管理和团队管理的安全文化氛围，建立安全生产长效机制。

安全文化是人类在其从事生产、生活乃至实践的一切领域内，为保障人类身心安全并使其能安全、舒适、高效地从事一切活动，预防、避免、控制和消除意外事故和灾害，建立安全、可靠、和谐、协调的环境和安全体系。安全文化的作用是通过对人的观念、态度、行为等深层次的人文因素的强化，利用教育、宣传、奖惩等手段，不断提高人的安全素质，改进其安全意识和行为，从而使人们自觉主动地按照安全要求，遵章守法。

当然，安全文化除了个人安全理念、安全意识，实验室安全也是必不可少的，化学实验室安全显得尤其突出。

二、化学实验室安全

在化学实验室中，安全是非常重要的，它常常潜藏着诸如发生爆炸、着火、中毒、灼伤、割伤、触电等危险性事故，如何来防止这些事故的发生，以及万一发生又如何来急救？这都是每一个化学实验工作者必须具备的素质。

1. 安全是化学实验室建设和管理中的永恒主题

化学实验室安全管理要从实验室建设开始抓起，实验室的兴建是一项百年大计，它关系到日后的长期使用，所以，如有什么地方考虑不周就有可能给以后的使用造成很大的影响、带来诸多的不便，只有考虑周密才能建立起一个运转高效、功能完善、设备齐全和使用便利的实验室。

2. 标准化和规范化建设是化学实验室安全管理的基础

标准化建设是实验室安全管理体系的物质保障和前提。化学实验室在建设之初，或者扩建改建时，应该依据环保政策法规，依法确立环境友好型的建设方案，并有相应地安全机构为化学实验室的安全标准化建设提供专业规划和技术支持，推进安全标准化和规范化的落实。

实验室要在科学的规划设计和合理的布局基础上，配置完备的安全设施，来满足基本的安全需求，如紧急呼叫设备、警报、灭火器、防火毯、消防沙和安全喷淋设备等。除了有专业消防设施满足基本安全需求，还应该符合化学安全的要求。例如，实验操作台面选用耐酸、耐碱、耐热材质；实验通风橱要达到标准风速要求，通风橱选用防爆玻璃等。学习国外实验室的安全预防和应急措施，配备化学实验护目镜、实验服装，以及包括洗眼器、烫伤膏等在内的急救箱等安全设施。

编者：胡岗、马兰凤

目　录

1

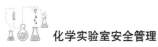

第一章　化学品安全知识

化学品是指由各种元素组成的纯净物或混合物，与制造方式无关，无论是天然的还是人工制造的都属于化学品。

人工制造化学品可以追溯到古巴比伦和古埃及（炼金术），包括始于中国古代东晋葛洪的炼丹术。14世纪的文艺复兴和随后的工业革命促进了现代化学的创立和迅速发展，如今一些天然产物也可以人工合成，且与天然产物相比其价格更便宜也更容易获得。例如，现在的胰岛素都是人工合成的，并且与人体胰岛素没有任何区别。这些医用化学品是延长人类寿命的众多措施之一。

近几个世纪以来，化学科学特别是化学合成技术的快速发展，使得化学家可以根据人类生存和发展的需要制造出大量的新化学品。据美国化学文摘社数据，目前人类已知的化学物质多达1.25亿种，其中超过半数为基因序列，已作为商品上市的化学品有数百万种，经常使用的有7万多种，现在每年全世界新出现的化学品有1000多种。人们在日常生活中广泛使用着各种日用化学品，如除虫剂、消毒剂、洗涤剂、干洗剂等。

绝大多数化学品对人体是无毒无害或低毒的，但还是有一些化学品对人体会造成严重伤害或毒害。我们将具有易燃、易爆、有毒、有害、有辐射等特性，可以对人员、设施、环境造成伤害或损害的化学品统称为危险化学品。

危险化学品对人体的伤害和毒害可以分为燃爆危害、健康危害和环境危害三类。

化学品的燃爆危害（即物理危害）是指化学品由于燃烧、爆炸产生的风险，所涉及的化学品包括爆炸物、易燃气体、易燃气溶胶、氧化性气体、高压气体、易燃液体、易燃固体、自发反应物质、自燃液体、自燃固体、遇水会放出易燃气体的物质、氧化性液体、氧化性固体、有机过氧化物、金属腐蚀剂等。

化学品的健康危害是指由于化学品对人体组织和器官造成的损害，包括急性毒性、皮肤刺激或过敏、眼损伤、呼吸刺激或过敏、吸入毒性或窒息、生殖细胞突变、生殖毒性、致癌、特异性靶器官毒性等。

化学品的环境毒性是指化学品的环境污染引起对环境中相关生物的毒害，包括急性水生毒性和慢性水生毒性。

化学品对人员、设施和环境可能造成的危害及程度取决于化学品的品种、数量、浓度、环境条件、防护和处理措施。化学品对人员的危害程度与化学品的种类和浓度有关。例如，浓盐酸（36% 的 HCl，约 12 mol/L）对人体有毒害作用，接触浓盐酸蒸气或烟雾，可引起急性中毒，眼和皮肤接触可致灼伤，出现结膜炎，鼻及口腔黏膜有烧灼感，鼻衄、齿龈出血，气管炎等，误服可引起消化道灼伤、溃疡形成，还有可能引起胃穿孔、腹膜炎等；但是稀盐酸（10% 的 HCl，约 3 mol/L）可做药用［《中华人民共和国药典（2010 版二部）》第 1238 页］，对人体不存在上述毒害作用，稀释后口服，用于治疗胃酸缺乏症。化学品对人员、设施和环境的危害也和现场的环境条件有关。例如，乙醇作为易燃化学品，在空气中的体积分数达到 4.3% ～ 19.0% 时，遇明火或高热即发生爆炸，因此现场通风，确保附近没有明火，可以有效防止乙醇引起的爆炸。由此可见，实验人员的个人防护和处理措施可以有效隔离或减少化学品对人体的各种危害。

一、化学品的燃爆危害

在化学品安全中，化学品的燃爆危害由于对人员、设施和环境的影响范围大，伤害和后果明显而备受重视。燃爆的本质是物质发生强烈的氧化还原反应，放出巨大的热量，促使氧化还原反应得以持续。发生燃爆需要满足 3 个要素，即可燃物、助燃物、点火源，与此同时可燃物和助燃物的量要在一定范围内，点火源要有足够的能量。燃爆三要素中，作为可燃物的化学品本身的性质，包括化学品的存在形态，与燃爆的关系最为密切。

通常以固体形态存在的金属铝不是可燃物，但是铝粉却是可燃物。例如，1963 年 6 月 16 日上午，天津某铝制品厂发生铝粉爆炸事故，伤亡职工 43 人，其中死亡 19 人，受伤 24 人，炸毁厂房 678 m^2、各种设备 21 台，经济损失上百万元。2014 年 8 月 2 日上午，江苏昆山开发区某金属制品有限公司发生铝粉爆炸，当天就导致 65 人死亡、120 余人受伤。国内外的研究表明，铝粉在空气中的爆炸下限为 37 ～ 50 mg/m^3，最低点火温度为 645 ℃，最小点火能量为 15 mJ，最大爆炸压力可达 6.3 kg/cm^2（相当于每平方米面积上瞬间增加 63 t 的重量）；在氮气中铝粉爆炸最低氧含量为 9%，爆炸时产生的空气温度高达 2000 ～ 3000 ℃。因此在化学危险物品管理中，铝粉被列为二级易燃物品。其他物质具有类似特点，有些通常不易引起爆炸的物质在成为粉尘状态时变成极其危险的爆炸物，包括金属（如镁粉、铝粉）、煤炭、粮食（如小麦、淀粉）、饲料（如血粉、鱼粉）、农副产品（如棉花、烟草）、林产品（如纸粉、木粉）和合成材料（如塑料、染料）。这些物质的粉尘易发生爆炸燃烧的原因是都有较强的还原剂如氢、碳、氮、硫等元素存在，当易爆粉尘与空气或其他助燃剂共存时便发生分解，由氧化反应产生大量的气体，或者气体量虽小，但释放出大量的燃烧热，如铝粉。

1. 燃爆类型和燃爆过程

化学品的燃烧按其要素构成的条件和瞬间发生的特点，可分为闪燃、着火和自燃3种类型，化学品爆炸可按爆炸反应物质分为简单分解爆炸、复杂分解爆炸和爆炸性混合物爆炸3种类型。简单分解爆炸是指引起简单分解的爆炸，在爆炸时并不一定发生燃烧反应，其爆炸所需要的热量是由爆炸物本身分解产生的，属于这一类的爆炸物有乙炔银、叠氮铅等，这类物质受轻微震动即可能引起爆炸，十分危险。此外，还有些可爆气体在一定条件下，特别是在受压情况下，能发生简单分解爆炸。例如，乙炔、环氧乙烷等在压力下的分解爆炸。复杂分解爆炸是指其爆炸时伴有燃烧现象，燃烧所需的氧由本身分解产生，如梯恩梯、黑索金等。爆炸性混合物爆炸是指化学品与空气（氧）的混合物发生的爆炸，所有可燃性气体、蒸气、液体雾滴及粉尘与空气（氧）的混合物发生的爆炸均属此类。这类混合物的爆炸需要一定的条件，如混合物中可燃物浓度、含氧量及点火能量等。实际上，这类爆炸就是可燃物与助燃物按一定比例混合后，遇到点火源发生的带有冲击力的快速燃烧。

研究表明燃爆可以分成4种类型：燃烧、分解爆炸性气体爆炸、粉尘爆炸和蒸气云爆炸，对于常规化学实验室，燃烧和分解爆炸性气体爆炸是最常见的燃爆类型，除了一些熔点较高的无机固体，可燃物质的燃烧一般是在气相中进行的。由于可燃物质的状态不同，其燃烧过程也不相同。相对于可燃固体和液体，可燃气体最易燃烧，燃烧所需要的热量只用于本身的氧化分解，并使其达到着火点，气体在极短的时间内就能全部燃尽。液体在点火源作用下，先蒸发成蒸气，然后氧化分解进行燃烧。固体燃烧一般有两种情况：对于硫、磷等简单物质，受热时首先熔化，然后蒸发为蒸气进行燃烧，无分解过程；对于复合物质，受热时可能首先分解成其组成部分，生成气态和液态产物，然后气态产物和液态产物蒸气着火燃烧。分解爆炸性气体爆炸时化学品分解成较小的分子或其组成元素，在爆炸混合物组成中如果没有氧元素，爆炸时不会有燃烧反应发生，爆炸所需要的热量是由爆炸物本身分解产生的；对于含有氧元素的爆炸混合物，其燃烧爆炸的速度主要取决于化学反应速率。

2. 与燃爆危险性有关的物理参数

化学品的燃爆危险性可以使用化学品的一些物理参数来评估，如爆炸（浓度）极限、闪点、燃点、自燃点。具体化学品的爆炸（浓度）极限、闪点、燃点、自燃点可以从《化学品安全技术说明书》（Material safety data sheet，MSDS）中查到。

爆炸（浓度）极限（Concentration explosive limit）是指可燃物质（可燃气体、蒸气或粉尘）与空气（或氧气）形成预混气体，遇火源发生爆炸的浓度范围。在此极限以外，化学品不可能发生燃爆。爆炸（浓度）极限是气态化学品燃爆危险性的重要评价指标，不同化学品的爆炸（浓度）极限范围差别很大。氢气的爆炸（体积浓度）极限为 4% ～ 75%、一氧化碳的爆炸（体积浓度）极限为 12.5% ～ 74.2%、氨的爆炸（体积浓度）极限为 15.5% ～ 27%、环氧乙烷的爆炸（体积浓度）极限为 3% ～ 80%。化学品的爆炸（浓度）极限下限越低，爆炸（浓度）极限范围越宽，该化学品在气态的燃爆危险性越大。

闪点（Flash point），是指在规定的实验条件下，使用某种点火源造成液体汽化而着火的最低温度。当液体表面产生足够的蒸气与空气混合形成可燃性气体遇火源产生短暂的火光时发生的一闪即灭的现象称为闪燃，闪燃的最低温度称为闪点。闪点是液态化学品燃爆危险性的重要评价指标，与化学品的挥发性 / 蒸气压有密切关系，液态化学品只有在闪点以上温度才会

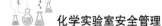

发生爆燃，各种化学品的闪点有很大差异并与其纯度有关。汽油的闪点为 -58 ～ 10 ℃，煤油的闪点为 30 ～ 70 ℃，苯的闪点为 -11 ℃，乙醚的闪点为 -45 ℃，乙醛的闪点为 -38 ℃，乙醇的闪点为 12 ℃，丁醇的闪点为 35 ℃，氯苯的闪点为 28 ℃。

燃点（Ignition point）又称"着火点"是指可燃物质与明火接触，当发生的火焰能开始并持续燃着，且燃烧时间不少于 5 s。在低于燃点温度时，可燃物质不能以足够的速度持续产生蒸气维持燃烧过程。例如，黄磷的燃点为 60 ℃，赤磷的燃点为 260 ℃，硫黄的燃点为 255 ℃，环氧树脂的燃点为 530 ～ 540 ℃，聚四氟乙烯的燃点为 670 ℃，尼龙的燃点为 500 ℃，聚苯乙烯的燃点为 450 ～ 500 ℃，聚苯烯的燃点为 420 ℃，橡胶的燃点为 350 ℃。燃点越低，可燃物质的着火燃烧危险性越大。

自燃是指可燃物在常温常压大气环境中，与空气中的氧气发生化学反应而自行发热，从而引起可燃物自行燃烧的现象。自燃点是指在规定条件下可燃物质发生自燃的最低温度。日常环境中压力、氧浓度、催化剂的存在都会影响液体和气体可燃物的自燃点，压力越高自燃点越低，环境中氧浓度越高自燃点越低，活性催化剂存在能降低自燃点，钝性催化剂能提高自燃点。熔融后状态、挥发物数量、固体粒度都会影响固体可燃物的自燃点。熔融后成为液体或气体、挥发出的可燃物越多自燃点越低，固体颗粒越细（比表面积就越大）自燃点越低。值得注意的是，可燃物质的闪点、燃点和自燃点没有对应关系，石油产品的油品越轻，闪点与燃点越低，而自燃点却越高。

3. 易发生自燃的化学物质

可燃物质的自燃可以分成可燃物在空气中的自燃、活性物质遇水的自燃、强氧化性物质与可燃物（或还原性物质）的混合接触自燃三大类。

在空气中自燃的物质根据其发热自燃的初始原因不同可以分成氧化放热自燃、分解放热自燃、聚合放热自燃、吸附放热自燃和发酵放热自燃等类型。常见由于氧化放热引起自燃的物质有黄磷（亦称白磷）、气态磷化氢（PH_3）和液态磷化氢（P_2H_4）、三乙基铝 [（C_2H_5）$_3$Al]，二乙基氯化铝 [（C_2H_5）$_2$AlCl] 、碱金属和碱土金属（钾、钠、铍、镁、锌、镉、锑、铋、硼等元素）的低级烷基化合物等；常见由于分解放热自燃的物质有硝酸纤维素酯或硝化纤维素、硝化甘油等；常见由于聚合放热自燃的物质有甲基丙烯酸酯类、乙酸乙烯酯、丙烯腈、异戊二烯、液态氰化氢、苯乙烯、乙烯基乙炔、丙烯酸酯类等单体。常见由于吸附放热自燃的物质有活性炭，还原镍，还原铁、镁、铝、锆、锌、锰、锡及其合金粉末等。

遇水自燃的物质在化学实验室中应用很广，常见的有碱金属及碱土金属，如钾、钠、锂、钙、锶、钡、钾钠合金、钾汞齐、钠汞齐等；金属氢化物，如氢化锂（LiH）、氢化钠（NaH）、四氢化锂铝（$LiAlH_4$）、氢化钙（CaH_2）、氢化铝（AlH_3）、氢化铝钠（$NaAlH_4$）等；硼氢化合物，如二硼氢（亦称乙硼烷，B_2H_6）、十硼氢（$B_{10}H_{14}$）、硼氢化钾（KBH_4）、硼氢化钠（$NaBH_4$）等；金属磷化物，如磷化钙（Ca_3P_2）、磷化铝（AlP）、磷化锌（包括 ZnP_2 和 Zn_3P_2）、磷化钠（包括 Na_2P，NaP_3 和 Na_3P_2）等；金属碳化物，如碳化钙（CaC_2）、碳化钠（Na_2C_2）、碳化钾（K_2C_2）、碳化铝（Al_4C_3）、碳化锰（Mn_3C）等；金属粉末，如锌粉、镁铝粉、镁粉、铝粉、钡粉、锆粉等；其他活性物质，如硅化镁（Mg_2Si）、氰化钠（NaCN）、低亚硫酸钠（$Na_2S_2O_4$）、乙基钠（C_2H_5Na）、硫化钠（Na_2S）、乙基黄原酸钠（$C_2H_5OCSSNa$）等。

强氧化性物质与可燃物或还原性物质接触引起的自燃在化学实验室较为常见，涉及的物质种类很多。强氧化性物质主要为不稳定、易分解，对热、震动和摩擦极为敏感的有机过氧化

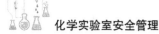

物和高氧化态、具有强氧化性或含有过氧基、易分解并放出氧和热量的无机酸及其酸盐。常见的强氧化性有机过氧化物，如过氧化苯甲酰、过氧化甲乙酮、过氧化二叔丁醇等；常见的强氧化性无机酸，如高氯酸盐、高锰酸盐、硝酸盐等。

二、化学品的健康危害

化学品的危险性除了燃爆风险，还有相当一部分的化学品对人体有毒性作用，在生产、使用、贮存和运输过程中都有可能对人体产生健康危害，甚至危及人的生命和造成巨大灾难性事故。例如，1991 年江西上饶地区发生了一甲胺急性中毒特大事故，造成 150 余人中毒、39 人死亡；1984 年印度博帕尔市发生的大量异氰酸甲酯泄漏事件，造成 20 万人中毒、2500 人死亡，举世震惊。

化学品对人体健康危害的严重程度与化学品的种类、人体与化学品的接触方式（摄入途径）、摄入量（包括持续时间），以及个体对化学品毒性的耐受性有关。化学品对人体健康的危害主要是会引起刺激、过敏、腐蚀、缺氧、昏迷与麻醉、全身中毒、致癌、致畸、致突变和尘肺。上述化学品对人体健康危害的警示和标识可以从《化学品安全技术说明书》（MSDS）中查到，而更为具体的毒性类型、毒理和严重程度则需要查询相关文献资料，如化学品毒性数据库，其中最权威和著名的是美国环保署（U.S. environmental protection agency，EPA）的化合物毒性数据库（Registry of toxic effects of chemical substances，RTECS）。

1. 化学品进入人体的途径与体内代谢

化学品与人体接触，进入人体的途径可以分成吸入、食入、皮肤吸收三大类型。

吸入途径是指化学品的气体、蒸气、雾、烟、粉末经口、鼻进入人体呼吸系统，进而导致人体呼吸系统、血液系统和其他器官组织出现毒性反应的过程。人的肺脏由亿万个肺泡组成，肺泡壁很薄，壁上有丰富的毛细血管，毒物一旦进入肺脏，很快就会通过肺泡壁进入血循环而被运送到全身。影响化学品通过呼吸道吸收的最重要因素是其在空气中的浓度，浓度越高，吸收越快。

食入途径是指化学品经口进入人体消化系统，进而导致人体消化系统、血液系统和其他器官组织出现毒性反应的过程。

皮肤吸收途径是指化学品与人体皮肤接触，通过 / 透过皮肤包括黏膜进入人体，导致皮肤、血液系统、淋巴系统和其他器官组织出现毒性反应的过程。脂溶性毒物经表皮吸收后，还需要其有水溶性，才能进一步扩散和吸收，所以水、脂皆溶的物质（如苯胺）易被皮肤吸收。

化学品无论以何种途径进入人体都会随血液（部分随淋巴液）循环而分布到全身，当其在人体组织中达到一定浓度时就可能发生中毒。不同化学品在人体内各种器官和组织中的分布是不均匀的，很大程度上取决于化学品的种类和特点。某些化学品会相对集中于特定组织或器官中。例如，铅、氟主要集中在骨质；而苯多分布于骨髓及类脂质。进入人体各器官和组织的化学品会参与人体内部的生化过程或受到人体内部的生化过程的影响，发生生物转化（包括氧化、还原、水解及结合）导致其化学结构发生变化，形成代谢产物。这种生物转化可以连续 / 持续发生，生成一系列代谢产物。相比进入人体的原化学品，这些代谢产物有可能毒性降低（解毒作用）或毒性增加（增毒作用）。

进入人体的化学品会以化学品原型或以代谢产物的形式，

经肾、呼吸道及消化道排出体外，其中经肾随尿排出是最主要的途径。化学品及其代谢产物在尿液中的浓度与其在血液中的浓度密切相关，因此通过测定尿中化学品及其代谢产物浓度，可以监测和诊断化学品的吸收和中毒情况。当化学品进入体内的速度或总量超过转化和排出的速度或总量时，体内积累的化学品或其代谢产物就会逐渐增加，导致化学品或其代谢产物的蓄积。如果这些化学品和代谢产物相对集中于某些器官或组织，将对这些器官或组织产生毒副作用，导致化学品的慢性中毒。

进入人体的化学品除少部分以化学品原型方式排出体外，绝大多数会经细胞色素 P-450 催化，在多功能氧化酶、水解酶、还原酶的作用下经氧化、水解或还原成为水溶性代谢产物（Ⅰ）。部分代谢产物（Ⅰ）在体内可以进一步发生结合反应生成水溶性代谢产物（Ⅱ），包括葡糖苷酸反应、硫酸盐结合反应、谷胱甘肽结合反应、乙酰化反应、环氧化物水解反应和其他结合反应，这些水溶性代谢产物最终可以经肾脏以尿液方式排出。

细胞色素 P-450 是一群基因超家族编码的酶蛋白，人类基因组计划至少已鉴定出细胞色素 P-450 包括 57 种基因。细胞色素 P-450 在人体许多组织中存在，但主要存在肝脏中，在激素合成与分解、胆固醇代谢、维生素 D 代谢中均有重要作用。肝脏和肾脏是人体最主要的代谢通道，化学品及其代谢产物除对目标器官的毒性作用以外，也可能由于代谢过程及其产物的留存对肝肾造成损害，一些低毒化学品的长期低剂量摄入也可能影响肝肾功能。化学品及其各级代谢产物间的毒性可以有很大差异，并且作用于不同器官组织，因此一个化学品对人体可以有多种毒性，同时伤害多个器官组织。代谢产物在生物体内的化学稳定性和生物化学稳定性与其毒性有很大关系。代谢产物在生物体内的半衰期可以从几毫秒到几小时或几天，过短半衰期的代谢产物不足以对目标器官或组织产生毒副作用，而稳定的代谢产物可以较长时间留存在产生它们的细胞和组织内，对目标器官和组织发挥毒性作用。

化学品对人体健康危害的程度与化学品的摄入方式、化学品在人体内的代谢途径、个体的耐受性和遗传差异有密切关系。例如，乙醇（俗称酒精）作为一种对人体健康危害较小的低毒化学品，也是白酒、葡萄酒、黄酒、果酒等各种酒类和含酒精饮料的重要成分，但是大量饮酒对人体健康是有害的，包括可能导致兴奋、呕吐、昏迷、心律失常、全身麻醉等问题，长期过量饮酒会引发酒精代谢综合征，如高乳酸血症、酸中毒、高尿酸血症及脂肪肝等。乙醇也是一种中枢神经抑制剂，对神经细胞有毒性作用，会导致酒精性精神障碍、大脑萎缩、智力减退等。乙醇对人的口服最低中毒剂量（TDLo）为 $50 \sim 1400$ mg/kg，包括 50 mg/kg 时的胃液分泌改变，700 mg/kg 时的行为改变（心理生理测试结果改变），1400 mg/kg 时的头疼、恶心或者呕吐、嗜睡等。乙醇对动物的毒性因摄入方式不同而有很大差异，乙醇对大鼠的口服半致死量（LD_{50}）为 7060 mg/kg，静脉注射半致死量（LD_{50}）为 1440 mg/kg，动脉注射半致死量（LD_{50}）为 11 mg/kg；乙醇对小鼠的口服半致死量（LD_{50}）为 3450 mg/kg，腹腔注射半致死量（LD_{50}）为 528 mg/kg，皮下注射半致死量（LD_{50}）为 8285 mg/kg，静脉注射半致死量（LD_{50}）为 1973 mg/kg。

众所周知，每个人的酒量（对乙醇的耐受程度）有很大差别，有的人能一次喝一斤白酒不醉，而有的人喝不到一两白酒就醉；有的人喝一瓶白酒脸部不变色、心跳不加速，而有的人喝几口白酒就脸色通红、心跳加速。研究证明饮酒 5 min 后乙醇很快经口腔、食管、胃、肠等器官直接通过生物膜进入血液循环，迅速地被运输到全身各组织器官进行代谢利用。胃和肠道吸收的酒精经血液循环进入肝脏，有 90%～95% 的乙醇在肝脏代谢，其余的在肾脏、肌肉及其他组织器官中代谢，仅有 2%～10% 的乙醇通过肾脏、肺和汗液等以原有形式排出体外。乙醇在肝脏内的代谢需要经过两步，最终代谢成为水和二氧化碳，同时释放出大量腺嘌呤核苷三磷酸（Adenosine triphosphate，ATP）。当血液中乙醇浓度不高时，在乙醇脱氢酶（Alcohol dehydrogenase，ADH）催化下乙醇被氧化成为乙醛；当乙醇浓度过高时，乙醇除通过 ADH 代谢系统进行氧化，还需要借助于过氧化氢氧化酶系统、微粒体乙醇氧化系统和膜结合离子转送系统等进行代谢形成乙醛。乙醛在线粒体内经过乙醛脱氢酶（Aldehyde dehydrogenase，ALDH）转化为乙酸，然后乙酸再以乙酰辅酶 A 的形式进入三羧酸循环，氧化成水、二氧化碳同时释放出大量 ATP。在上述乙醇代谢过程中乙醛脱氢酶最为关键，它使乙醛氧化为乙酸，并决定着乙醇的代谢速度。乙醛脱氢酶活性的高低主要与遗传因素有关，乙醛脱氢酶活性高的人，乙醇代谢能力强，酒量大；醛脱氢酶活性低的人，乙醇代谢能力弱，酒量小。个体的乙醛脱氢酶的活性在一定程度上也可以通过乙醇诱导而增强，经常喝酒可以使此酶活性增加从而增加酒量，但酒量提高不可能无限制，因为人的酶系统受遗传因素控制，体内的乙醇脱氢酶和乙醛脱氢酶比例相对稳定。体内大量乙醇的代谢可以引起线粒体中还原型谷胱甘肽（Glutathione，GSH）活性选择性缺乏，导致呼吸链产生的 O_2^- 自由基不能得到及时运载，并在活性超氧化物歧化酶（Superoxide dismutase，SOD）作用下形成 H_2O_2，当产生的 H_2O_2 量超过体内过氧化氢酶（Catalase，CAT）和过氧化物酶（Peroxidase，POD）将其代谢为水的能力时，累积的 H_2O_2 将破坏超氧化物歧化酶活性导致线粒体的脂质过氧化反应引起肝细胞 DNA 裂解，可能导致肝的癌变。体内乙醇代谢所释放的高热量（29.7 kJ/g）可导致一系列的代谢紊乱、抗体的产生、酶失活、影响 DNA 的修复等，也可促进自由基介导的组织损害及脂质过氧化作用及增加胶原蛋白的合成等，进而引发一系列酒精代谢综合征。

2. 化学品毒性和对人体的损害

根据化学品进入人体到发生中毒反应时间的长短，化学品的毒性可以分成急性毒性（包括亚急性毒性）、慢性毒性（包括亚慢性毒性）和蓄积毒性三大类。鉴于毒性试验和评估的需要，化学品的毒性数据主要基于动物毒性试验的结果。

急性毒性是指实验动物在 24 h 内一次或多次摄入受试化学品，动物在短期内出现的健康损害。化学品的急性毒性通常用半数致死剂量（Median lethal dose，LD_{50}）或半数致死浓度（Median lethal concentration，LC_{50}）表示。半数致死剂量是指受试动物在一定时间内摄入受试样品后发生死亡概率为 50% 的剂量，以单位体重接受受试样品的质量（mg/kg 体重或 g/kg 体重）来表示；半数致死浓度是指受试动物在一定时间内摄入受试样品后（一般为 2 h 或 4 h）引起受试动物发生死亡概率为 50% 的浓度，以单位体积中受试样品的质量（mg/m³）来表示。亚急性毒性是指实验动物在 14 ~ 28 天内，每天摄入受试化学品后所引起的健康损害，通常以毒性反应、毒性剂量、受损靶器官、无作用水平及病理组织学变化等描述亚急性毒性；亚慢性毒性是指实验动物在其部分生存期（不超过 10% 寿命期，通常为 1 ~ 6 个月）内，每天摄入受试化学品（通常剂量小于急性 LD_{50}）后所引起的健康损害。

慢性毒性是指实验动物在其正常生命期的大部分时间内（通常为 1 ~ 2 年）摄入受试化学品所引起的健康损害，主要用于评估化学品的致畸性、致突变、致癌性。

蓄积毒性是指受试化学品在实验动物体内蓄积引起的有害

效应，包括物质蓄积（长期反复接触受试化学品时，由于吸收速度超过消除速度导致该物质在体内逐渐增多）和功能蓄积（受试化学品虽然在体内的代谢和排出速度较快，但其造成的损伤恢复较慢，在前一次的损伤未恢复前又发生新的损伤，导致损伤的累积）。

根据化学品进入人体后对人体的损害类型，可以分为皮肤刺激性（Dermal irritation）、皮肤腐蚀性（Dermal corrosion）、眼刺激性（Eye irritation）、眼腐蚀性（Eye corrosion）、皮肤致敏（过敏性接触性皮炎）（Skin sensitization, Allergic contact dermatitis）、致突变性（Mutagenicity）、免疫毒性（Immunotoxicity）、神经毒性（Neurotoxicity）、致畸性（Teratogenicity）、生殖毒性（Reproduction toxicity）、生长发育毒性（Developmental toxicity）、致癌作用（Carcinogenesis）等多种毒性损害类型。皮肤刺激性是指皮肤接触化学品后局部产生的可逆性炎性变化；皮肤腐蚀性是指皮肤接触化学品后局部引起的不可逆组织损伤；眼刺激性是指眼球表面接触化学品后产生的可逆性炎性变化；眼腐蚀性是指眼球表面接触化学品后引起的不可逆组织损伤；致突变性是指化学品引起原核或真核细胞，或实验动物遗传物质发生结构和 / 或数量改变的效应；免疫毒性是指化学品引起机体免疫功能抑制或异常增强的效应；神经毒性是指化学品引起神经系统功能或结构的损害效应；致畸性是指化学品在胚胎发育期引起胎仔永久性结构和功能异常的效应；生殖毒性是指化学品对亲代繁殖功能或能力的影响和 / 或对子代生长发育的损害效应；生长发育毒性是指妊娠动物接触受试化学品而引起的子代在出生以前、围产期和出生以后所显现出的机体缺陷或功能障碍；致癌作用是指化学品引起肿瘤发生率和 / 或类型增加、潜伏期缩短的效应。

常见危害人体健康的化学品可以分成金属和类金属化合

物、刺激性气体、窒息性气体、农药、有机化合物和高分子化合物六大类，其中有机化合物种类繁多，对人体的毒性大小相去甚远。对人体健康有害的金属和类金属化合物常见的有铅、汞、锰、镍、铍、砷、磷及其化合物等。对人体健康有害的刺激性气体最常见的有氯、氨、氮氧化物、光气、氟化氢、二氧化硫、三氧化硫和硫酸二甲酯等。对人体健康有害的窒息性气体，包括单纯窒息性气体、血液窒息性气体和细胞窒息性气体3种，常见的有氮气、甲烷、乙烷、乙烯、一氧化碳、硝基苯的蒸气、氰化氢和硫化氢等。对人体健康有害的农药，包括杀虫剂、杀菌剂、杀螨剂、除草剂等。对人体健康有害的有机化合物有苯、甲苯、二甲苯、二硫化碳、汽油、甲醇、丙酮等，以及苯的氨基和硝基化合物，如苯胺、硝基苯等。高分子化合物本身对人体无毒或毒性很小，但在加工和使用过程中，可释放出游离单体对人体产生危害，如酚醛树脂遇热释放出苯酚和甲醛而具有刺激作用；某些高分子化合物由于受热、氧化而产生毒性更为强烈的物质。例如，聚四氟乙烯塑料受高热分解出四氟乙烯、六氟丙烯、八氟异丁烯，被人体吸入后会引起化学性肺炎或肺水肿。高分子化合物的单体多数对人体有危害。

3. 有毒化学品引起的人体病态反应

危害人体健康的化学品种类较多，有毒化学品进入人体后会引起各种人体系统或器官的病态反应，最常见的病态反应涉及呼吸系统、神经系统、血液系统、消化系统、循环系统、泌尿系统、骨骼系统、皮肤和引发肿瘤。很多有毒化学品对人体的损伤是多器官、多系统的损害，如铅可引起神经系统、消化系统、造血系统和肾脏损害；三硝基甲苯中毒可出现白内障、中毒性肝病、贫血、高铁血红蛋白血症等。同一种有毒化学品引起的急性和慢性中毒所损害的器官及表现也可以有很大差别。例如，苯急性中毒主要表现为对中枢神经系统的麻醉作

用，而慢性中毒主要为造血系统的损害。

在工业和实验室环境中呼吸道是最易接触有毒化学品的，特别是刺激性化学品，一旦吸入，轻者引起呼吸道炎症，重者发生化学性肺炎或肺水肿。常见引起呼吸系统损害的化学品有氯气、氨、二氧化硫、光气、氮氧化物，以及某些酸类、酯类、磷化物等。刺激性化学品也可引起鼻炎、咽喉炎、声门水肿、气管支气管炎等，主要症状有流涕、喷嚏、咽痛、咳嗽、咯痰、胸闷、胸痛、气急、呼吸困难等。刺激性化学品引起的肺炎会有剧烈咳嗽、咳痰（有时痰中带血丝）、胸闷、胸痛、气急、呼吸困难、发热等症状。大量吸入刺激性气体会引发肺水肿，患者肺泡内和肺泡间充满液体，抢救不及时可造成死亡；且患者有明显的呼吸困难，皮肤、黏膜青紫（发绀），剧咳，带有大量粉红色泡沫痰，烦躁不安等。此外有毒化学品也会对呼吸系统造成慢性毒害。例如，长期接触铬及砷化合物，可引起鼻黏膜糜烂、溃疡甚至发生鼻中隔穿孔；长期低浓度吸入刺激性气体或粉尘，可引起慢性支气管炎，重者可发生肺气肿；某些对呼吸道有致敏性的毒物，如甲苯二异氰酸酯（TDI）、乙二胺等，可引起哮喘。

化学品对皮肤的损害是化学实验室最常见的化学品伤害，根据作用机制不同引起皮肤损害的化学品可分为原发性刺激物、致敏物和光敏感物。常见的原发性刺激物为酸类、碱类、金属盐、溶剂等；常见的皮肤致敏物有金属盐类（如铬盐、镍盐）、合成树脂类、染料、橡胶添加剂等；常见的光敏感物有沥青、焦油、吡啶、蒽、菲等。由于接触化学品造成的皮肤疾病有接触性皮炎、油疹、痤疮、皮肤黑变病、皮肤溃疡、角化过度及皲裂等。

化学灼伤亦是化学实验室中较为常见的化学品伤害事故，灼伤是一种化学物质对皮肤、黏膜的刺激、腐蚀，以及化学反应热引起的急性损害。按临床分类可分成体表（皮肤）化学灼伤、呼吸道化学灼伤、消化道化学灼伤、眼化学灼伤等多个类型。造成化学灼伤的常见致伤物有酸、碱、酚类、黄磷等。某些化学物质在致伤的同时可经皮肤、黏膜吸收而引起中毒，如黄磷灼伤、酚灼伤、氯乙酸灼伤，严重时会引起死亡。

化学品引起的眼损害可以分为接触性和中毒性两类。接触性眼损害是毒物直接作用于眼部所致，而中毒性眼损害是全身中毒在眼部的表现。接触性眼损害主要为酸、碱及其他腐蚀性毒物引起的眼灼伤，眼部的化学灼伤严重者可造成终生失明。引起中毒性眼病最典型的有毒化学品为甲醇和三硝基甲苯，甲醇急性中毒的眼部表现有视觉模糊、眼球压痛、畏光、视力减退、视野缩小等，中毒严重时会导致复视或双目失明。慢性三硝基甲苯中毒的临床表现之一为中毒性白内障，其症状为眼晶状体发生混浊，混浊一旦出现即使停止接触也不会消退，晶状体全部混浊时可导致失明。

有毒化学品对神经系统的损害主要是对中枢神经和周围神经，许多有毒化学品慢性中毒的早期表现是出现头痛、头晕、乏力、情绪不稳、记忆力减退、睡眠不好、自主神经功能紊乱等神经衰弱症状。常见会引起周围神经损害的有毒化学品有铅、铊、砷、正己烷、丙烯酰胺、氯丙烯等，这些化学品可侵入人体运动神经、感觉神经或混合神经，表现为运动障碍，四肢远端手套、袜套样分布的感觉减退或消失，反射减弱，肌肉萎缩等，严重者可导致瘫痪。

可引起组织缺氧和直接对神经系统有选择性毒性的有毒化学品可引起中毒性脑病。常见可引起组织缺氧的化学品有一氧化碳、硫化氢、氰化物、氮气、甲烷等，常见有选择性毒性的化学品有铅、四乙基铅、汞、锰、二硫化碳等。由有毒化学品引起的急性中毒性脑病的常见症状包括头痛、头晕、嗜睡、视力模糊、步态蹒跚，甚至烦躁、抽搐、惊厥、昏迷等，也可出现精神症状、瘫痪等，严重者可因脑疝而死亡。慢性中毒性脑病可有痴呆型、精神分裂症型、震颤麻痹型、共济失调型等。

许多有毒化学品可以造成血液系统损害。例如，苯、砷、铅等金属可引起贫血；苯、琉基乙酸等可引起粒细胞减少症；苯的氨基和硝基化合物（如苯胺、硝基苯）可引起高铁血红蛋白血症，患者的突出表现为皮肤和黏膜青紫；氧化砷可破坏红细胞引起溶血；苯、三硝基甲苯、砷化合物、四氯化碳等可抑制机体造血机能，引起血液中红细胞、白细胞和血小板减少，引发再生障碍性贫血，苯引起的白血病发病率为 0.014%。

很多化学品可能损伤消化系统。例如，汞可致汞毒性口腔炎；氟可导致"氟斑牙"；汞、砷等化学品经口侵入可引起出血性胃肠炎；铅中毒可引起腹绞痛；黄磷、砷化合物、四氯化碳、苯胺等物质可致中毒性肝病。

伤害循环系统的常见化学品，如有机溶剂中的苯、有机磷农药、某些刺激性气体和窒息性气体均可损害心肌，主要表现为心慌、胸闷、心前区不适、心率快等，急性中毒时亦可出现休克，长期接触一氧化碳可促进动脉粥样硬化。

经肾脏随尿排出是有毒化学品及其代谢产物排出体外的最主要途径，加上血流量丰富，肾脏极易受到有毒化学品的损害。不少有毒化学品有肾毒性，尤以重金属和卤代烃最为突出，如汞、铅、铊、镉、四氯化碳、氯仿、六氟丙烯、二氯乙烷、溴甲烷、溴乙烷、碘乙烷等。除肾损伤外，泌尿系统的其他部分亦可能受到有毒化学品损伤，如慢性铍中毒常伴有尿路结石，杀虫脒中毒可出现出血性膀胱炎等。

一些化学品可以引起骨骼损害。例如，长期接触氟可引起氟骨症；磷中毒首先表现为牙槽嵴的吸收，随着吸收的加重发生感染，严重者发生下颌骨坏死；长期接触氯乙烯可致肢端溶骨症，导致指骨末端发生骨缺损；镉中毒可发生骨软化。

已知长期接触一定量的某些有毒化学品可以引起细胞的无节制生长而引发肿瘤，潜伏期一般为 4 ～ 40 年。国际癌症研究机构（Internation agency for research on cancer，IARC）已公布了对人肯定有致癌性的 107 种物质或环境。主要致癌物质有苯、铍及其化合物、镉及其化合物、六价铬化合物、镍及其化合物、环氧乙烷、砷及其化合物、α－萘胺、4－氨基联苯、联苯胺、煤焦油沥青、石棉、氯甲醚等；致癌环境有煤的气化、焦炭生产等。研究证实石棉可致肺癌、间皮瘤，联苯胺可致膀胱癌，苯可致白血病，氯甲醚可致肺癌，砷可致肺癌、皮肤癌，氯乙烯可致肝血管肉瘤等。

三、化学品的环境危害

化学品的环境危害是指化学品经各种途径进入环境后造成的环境污染，根据危害／污染对象的不同可以分为对大气的危害（大气污染）、对土壤的危害（土壤污染）和对水体的危害（水污染）三大类。有害化学品对大气的主要危害为破坏臭氧层、导致温室效应、引起酸雨和形成光化学烟雾等。据统计我国每年排放工业生产废气量约 3 万亿立方米，其中二氧化硫约 1500 万吨，二氧化碳约 10 亿吨；有害化学品对土壤的主要危害为造成土壤酸化、碱化和板结，导致土壤重金属超标等，我国每年向陆地排放化学废弃物约 2242 万吨。有害化学品对水体的主要危害为造成水体富营养化形成赤潮，导致有毒化学品在水生生物体内富集造成鱼类、水生生物死亡，破坏生态环境。近几十年来，全世界已发生过 60 多起严重化学品环境污染事件。公害病患者有 40 万～ 50 万人，死亡 10 多万人。

随着化学工业的迅速发展和化学品的广泛应用，化学品进入环境的途径几乎是全方位的，其中主要的进入途径可以分成

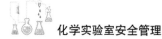

四类，即人为对作物、土壤或水体直接施用，导致化学品进入环境；在生产、加工和储存过程中化学品以废水、废气和废渣等形式排放进入环境；由于着火、爆炸、泄漏等突发性化学事故导致化学品外泄进入环境；在日常生活中化学品作为日常用品或其组成部分，在使用中直接排入或者使用后作为废弃物进入环境。

人为主动投加进入环境的化学品主要是各类杀虫剂、除草剂、植物生长调节剂、饲料添加剂、农用抗微生物制剂（包括抗生素）等，这些化学品可以对污染土壤、水体和大气造成污染，可以通过残留形式进入食品，敏感个体只要少量接触就会产生有害生物学效应，其中一些会在环境中持久存在并可以通过食物链在生态系统中产生生物放大效应。据估计化学农药在喷洒过程中约有一半进入大气，或者附着在土壤表面，随后进入地表水或地下水造成污染。全世界每年至少有 100 万人发生农药中毒，我国每年由于农药中毒死亡约 1 万人，急性中毒约 10 万人。此外，农药污染水体还对鱼类和野生动物造成威胁，特别是那些难以生物降解和高蓄积性的农药的污染危害更为严重。

以废水、废气和废渣等形式排放进入环境的化学品是指在化学品生产、加工、储存和应用过程中产生的一些化学品作为废弃物，以废水、废气和废渣等形式进入环境，这类废弃物由于数量大，排放地点相对固定，对局部环境影响很大。2013 年九三学社曾透露，全国耕地重金属污染面积在 16% 以上，其中在大城市、工矿区周边情况相当严重。例如，广州有 50% 的耕地遭受镉、砷、汞等重金属污染；辽宁省八家子铅锌矿区周边有 60% 以上的耕地镉、铅含量超标。数据显示，2013 年中国环境监测总站在某蔬菜种植区采集了近 5000 个点位的样本进行分析，其中超标点位占近 1/4，最突出的问题是土壤中的重金属含量超标，这些重金属都是从露天矿场和工厂流入周围农田的。国土资源部曾公开表示，中国每年有 1200 万吨粮食遭到重金属污染，直接经济损失超过 200 亿元。据中国水稻研究所与农业部稻米及制品质量监督检验测试中心 2010 年的研究称，我国 1/5 的耕地受到了重金属污染。全国范围内受到重金属污染的耕地比例在 10% 左右的可能性较大。南京农大潘根兴团队在全国多个县级以上市场随机采购样品进行检测，结果表明 10% 左右的市售大米镉超标。

由于突发性化学事故导致化学品外泄进入环境是指在化学品生产、运输、储存和使用过程中由于突发性事故造成的有毒化学品污染，甚至会造成严重生态灾难，而其中相当一部分事故和造成的化学品污染与安全措施不到位有关，属于责任事故。例如，2005 年 11 月 13 日，吉林石化公司双苯厂一车间发生爆炸，截至 11 月 14 日共造成 5 人死亡、1 人失踪、近 70 人受伤。爆炸发生后，约 100 t 苯类物质（苯、硝基苯等）流入松花江，造成了江水严重污染，沿岸数百万居民的生活受到影响。同年 11 月 23 日，国家环保总局向媒体通报，受中国石油吉林石化公司双苯厂爆炸事故影响，松花江发生重大水污染事件。2005 年 11 月底，国家环保总局认定吉化公司双苯厂应对这次污染事故负主要责任。2015 年 8 月 12 日晚 11 点 30 分左右，位于天津市滨海新区天津港的瑞海公司危险品仓库发生火灾爆炸事故，造成 165 人遇难（包括消防人员 99 人），8 人失踪，798 人受伤，304 幢建筑物、12 428 辆商品汽车、7533 个集装箱受损，事故受损面积约为 54 万平方米，该事故发生的两次爆炸，分别形成了一个直径 15 m、深 1.1 m 的月牙形小爆坑和一个直径 97 m、深 2.7 m 的圆形大爆坑，直接经济损失 68.66 亿元。经国务院调查组认定，天津港"8·12"瑞海公司危险品仓库火灾爆炸事故是一起特别重大的生产安全责任事故。

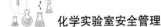

　　日常生活中的化学品进入环境是指燃烧产物、生活废弃物中的化学品、生活用品使用中的排放物等引起的环境污染。化学工业的发展，使人类生活更加丰富多彩，个人日常的衣食住行都离不开化学品。由于人口众多和分布广泛，这类化学品造成的污染总量并不小，而其对环境的危害更加难以控制和管理。以煤炭、生物能或石油产品为主的日常餐饮和取暖都会产生烟尘（包括 PM_{10} 和 $PM_{2.5}$）、二氧化硫、氮氧化物、一氧化碳和二氧化碳。近年来，随着汽车进入家庭，由汽车等所携带的移动源燃烧产生的一氧化碳的量每年约有 2.5 亿吨，已占人为污染源排放的一氧化碳总量的 70% 左右。日用化学洗涤剂是生活废弃物中环境有害化学品的一个重要来源，据联合国环境规划署等机构对全球水质监测的报告，目前全世界有 30% ～ 40% 的湖泊水库出现富营养化的现象。在我国，长江、淮河、太湖、巢湖等很多江河湖泊都不同程度地存在富营养化问题。巢湖水污染调查发现水中的磷含量超过标准的 3.4 倍，而含磷量增加的主要原因是含磷洗涤剂的使用。太湖蓝藻暴发，主要原因之一也是因为农业污水和生活污水的排入，使水中含磷量剧增。生活用品使用中的排放物主要来自家庭中广泛使用的各种日用化学品，如化妆品、空气清新剂、杀菌剂、除虫剂、消毒剂、洗涤剂、干洗剂，以及室内各种建筑装饰材料，如橱柜、涂料、油漆等，这些日用化学品大都含有各种添加剂、表面活性剂和溶剂。人们已从室内空气中鉴定出 300 多种挥发性化学物质，医学研究表明这些环境污染物可造成呼吸道和心血管疾病。

四、《全球化学品统一分类和标签制度》与《化学品安全技术说明书》

　　自工业革命以来，人类生活水平的快速提高，人均寿命不断增长，这些与化学工业迅速发展和化学品的大量使用有不可分隔的关系。大量的化学品以药品、食品添加剂、洗涤用品、化妆品的主要成分或助剂的形式进入人们的日常生活。在正常使用环境和用量情况下，绝大多数化学品对人体是无害或低毒的，但是仍有一部分化学品作为非人体自有的外来物质对人体健康有明显危害。

1.《全球化学品统一分类和标签制度》的建立

为将化学品在生产、运输、储存和使用过程中的安全风险降到最低，美国、日本、欧洲等各工业发达国家和联合国有关机构都通过化学品立法对化学品的危险性分类、包装和标签做出明确规定。然而各国对化学品危险性定义的差异有可能将一国认定的易燃品在另一国作为非易燃品，为此，1992 年联合国环境和发展大会通过了《21 世纪议程》，建议如果可行，到 2000 年应当提供全球化学品统一分类和配套的标签制度，包括化学品安全数据说明书和易理解的图形符号。

1995 年 3 月世界卫生组织、国际劳工组织等 7 个国际组织共同签署成立了组织间健全管理化学品规划机构（IOMC），以协调为实施联合国环境和发展大会建议的化学品安全活动，并负责对统一化学品分类制度协调小组（CG/HCCS）的工作进行监督。2002 年联合国可持续发展世界首脑会议鼓励各国于 2008 年前执行《全球化学品统一分类和标签制度》（Globally harmonized system of classification and labeling chemicals，GHS）。2003 年 7 月联合国经济和社会理事会正式审议通过了 GHS。2011 年联合国经济和社会理事会 25 号决议要求 GHS 专家委员会秘书处邀请未实施 GHS 的政府尽快通过本国立法程序实施 GHS。

中国于 2006 年制定了国标化学品分类、警示标签和警示性说明安全规范（GB 20576—2006 ～ GB 20599—2006、GB 20601—2006、GB 20602—2006），规定于 2008 年 1 月 1 日

起实施，于 2011 年 5 月 1 日起强制实行（GHS）。日本于 2006 年 3 月颁布了日本工业标准基于 GHS 的化学品标签制度 JISZ 7251—2006。欧盟于 2007 年 6 月 27 日审议通过了《关于化学物质和混合物分类、标签和包装法规以及修订理事会指令（67/548/EEC）和法规（EC-1907/2006）》的建议书，于 2008 年年底实行，从 2010 年 12 月 1 日起和 2015 年 6 月 1 日起分别对化学物质和混合物全面执行（GHS）。美国于 2012 年 3 月 26 日公布了美国职业安全卫生署（The occupational safety and health act，OSHA）根据 GHS 修订危害传递标准（HCS），规定了过渡期三年，于 2015 年正式实施全球化学品统一分类和标签制度（GHS）。

2.《全球化学品统一分类和标签制度》的危险性分类与《化学品安全技术说明书》

《全球化学品统一分类和标签制度》（GHS）采用标签和化学品安全技术说明书两种方式公示化学品的危害信息。《全球化学品统一分类和标签制度》主要内容包括按照物理危害性、健康危害性和环境危害性对化学物质和混合物进行分类的标准；危险品公示要素，包括包装标签和化学品安全技术说明书。目前 GHS 共设有 28 个危险性分类，包括 16 个物理危害性分类、10 个健康危害性分类、2 个环境危害性分类。其中，物理危害性包括爆炸性物质、易燃气体、易燃性溶胶、氧化性气体、高压气体、易燃液体、易燃固体、自反应物质、发火液体、发火固体、自燃物质、与水放出易燃气体物质、氧化性固体、氧化性液体、有机过氧化物、金属腐蚀剂；健康危害性包括急性毒性、皮肤腐蚀/刺激性、严重眼损伤/眼刺激性、呼吸或皮肤致敏性、生殖细胞致突变性、致癌性、生殖毒性、特定靶器官系统毒性（单次接触）、特定靶器官系统毒性（多次接触）、吸入危害性；环境危害性包括危害水生环境（水生急性毒性、水生慢性毒性）、危害臭氧层。

GHS 危险品公示要素包括图形符号、警示词、危险性说明、防范说明、标签内容与分配、《化学品安全技术说明书》（MSDS 或 CSDS）。其中图形符号要求规定了 9 种危险性图形符号（图 1-1）。分别为爆炸性物质、自反应物质、有机过氧化物（图 1-1 a 符号 1）；易燃气体、发火液体、易燃气溶胶、发火固体、易燃液体、自燃物质、易燃固体、与水放出易燃气体物质、自反应物质、有机过氧化物（图 1-1 b 符号 2）；氧化性气体、氧化性固体、氧化性液体（图 1-1 c 符号 3）；高压气体（图 1-1 d 符号 4）；急性毒性、皮肤腐蚀 / 刺激性、严重眼损伤 / 眼刺激性、呼吸或皮肤致敏性、特定靶器官系统毒性（单次接触）、危害臭氧层（图 1-1 e 符号 5）；急性毒性（图 1-1 f 符号 6）；金属腐蚀剂、皮肤腐蚀 / 刺激性、严重眼损伤 / 眼刺激性（图 1-1 g 符号 7）；呼吸或皮肤致敏性、生殖细胞致突变性、致癌性、生殖毒性、特定靶器官系统毒性（单次接触）、特定靶器官系统毒性（反复接触）、吸入危害性（图 1-1 h 符号 8）；危害水生环境物质（图 1-1 i 符号 9），每个图形符号适用于指定的 1 个或多个危险性类别。警示词要求规定标签上要有表明危险相对严重程度并提醒目击者注意潜在危险的词语"危险"和"警告"，其中"危险"用于较为严重的危险性类别，"警告"用于较轻的危险性类别；危险性说明指定了分配给某个危险种类和类别的专用术语，用于描述一种危险品的危险性质，目前的危险性说明共有 70 条专用术语，每条术语都分配了指定代码以方便识别和使用；防范说明要求用一条术语（和 / 或防范象形图）说明为尽量减少或防止接触危险化学品或不当储运危险化学品所产生不良后果应采取的安全防范措施，分为预防、发生事故泄漏或接触时的反应、储存和处置四类；标签内容和分配规定化学品包装容器的 GHS 标签上应当包括产品标识符（产品正式

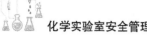

a符号1　　b符号2　　c符号3　　d符号4

e符号5　　f符号6　　g符号7　　h符号8　　i符号9

图1-1　化学品安全技术说明书规定的9种危险性图形符号

运输名称、化学物质名称)、图形符号、警示词、危险性说明、防范说明、主管部门要求的其他补充信息及供应商识别信息。规定图形符号分配顺序为：如果标签上出现严重健康危险符号后不需再出现类似的较低健康危险符号，规定警示词分配顺序为如果标签上出现警示词"危险"则不应再出现警示词"警告"；规定危险性说明分配的先后顺序为所有危险性说明都应当出现在标签上。《化学品安全技术说明书》(MSDS或CSDS)要求包括化学品及企业标识、危险性概述、组成/成分信息、急救措施、消防措施、泄露应急处理、操作处置与储存、接触控制/个体防护、理化特性、稳定性与反应性、毒理学信息、生态学信息、废弃处置、运输信息、法规信息、其他信息共16种信息。

编制MSDS存在两大难点：首先，在于除化学品的理化特性外，化学品量化的毒理数据测试费用太高，数据获取成本太高，特别是有的化学品是复合品或挽有副产品的，其对环境、生物和人类等的毒理数据更为复杂，所以同一种化学品的MSDS不见得一样，但供应商提供的MSDS在企业使用中碰到对环境、健康等法律性的纠纷时，供应商如提供的MSDS不合格，必须要承担其相应的法律责任。其次，MSDS必须要按照买方所在的国家(或地区)的有关危险化学品的法律法规的相关规定编制，然而各国，甚至一个国家的各地区有关化学品管理的法律法规通常也不一样，甚至这些法律法规每月都有变化，所以 MSDS 的编制必须符合当时的买方所在国家（或地区）的法律法规要求。

《化学品安全技术说明书》是要让运输者（可能泄漏）、生产操作人员（可能接触）、最终产品用户（使用安全）和环保方面了解材料（纯净物）或其成分（混合物）是否易燃、是否易爆、是否容易发生化学反应、是否致病、是否剧毒，是否具有放射性、是否具有腐蚀性、是否容易污染环境等。事实上，不可能对化学品的所有参数都进行测试，因此需要根据具体物质，考虑该物质或其成分具有的危险性进行相关的物性测试，以保证上述人员的安全，而物质最基本的颜色、气味、pH、比重等可以从相关手册上查到。《化学品安全技术说明书》的最终目的是要声明化学品的安全信息，说明如何避免上述危险，以及如果出现危险情况应该如何处理。

编者：陈维明

第二章　化学实验室设施安全

化学实验室是化学、化工行业发展进步的策源地，具有员工培训、科研、新产品研发、工艺开发改进，以及为产业化服务的功能。在化学实验室工作，经常会接触有毒、有害、危险化学品；实验条件多为高压、真空、高热、低温等不安全条件；大量使用的玻璃仪器具有不耐冲击、易碎的特质等不安全因素。识别、预防、避免不安全因素，是化学实验室安全管理的一项重要任务。

化学实验室发生的安全事故或伤害，一是职业伤害，是由化工职业不得不接触的化学品而造成的；二是工艺（操作）伤害，是在科研、生产活动中因操作失误、反应过程中出现意外或设备出意外等造成的。因此，实验室设施、设备（硬件）的合规性、适用性、完备状况及正确的使用，也可以避免出现安全意外或在出意外时避免、减少伤害和损失。

据统计，合规的化学实验室设计、建造，合理的空间安排；操作人员通过培训规范对实验室设施、设备的预检；结合预防性的维修、维护和及时更新来维持实验室设施、设备的安全性和有效性，可以大幅减少实验室安全事故。

一、化学实验室

化学实验室的规划设计应符合其特殊需求：化验室有贵重的精密仪器和各种化学药品，其中包括易燃及腐蚀性药品；在科研过程中用到有毒、有害，易燃、易爆危化品或高压气体，产生有毒有害的气体或蒸气等。因此，对化验室的房屋结构、环境、室内设施等有其特殊的要求，要统筹考虑。一般规划设计主要分为6个方面：平面设计系统、单台结构功能设计系统、供排水设计系统、电控系统、特殊气体配送系统和有害气体输出系统。

1. 平面设计系统

平面设计系统主要需要考虑以下几个方面的因素：疏散、撤离、逃生、顺畅、无阻、安全通道；一般实验室门向里开，但如果设置有爆炸危险的房间，房门应朝外开，房门材质最好选择压力玻璃。人体学（前后左右工作空间）、完美的设备与科技工作者操作空间范围的协调搭配体现了科学化、人性化的规划设计。如图 2-1 所示为化学实验室平面设计系统。

化学实验室用房大致分为以下几类：有机合成实验室、无机合成实验室、生化实验室、分析实验室（仪器分析实验室、化学分析实验室）、辅助室（办公室、档案室、仓库、钢瓶室、热源、真空室）等。

化学实验室要求远离灰尘、烟雾、噪声和震动源的环境，不应建在交通要道、锅炉房、机房及生产车间近旁（车间化验室除外）。为避免车间化学气体可能对科研、分析的干扰，工厂实验室应建在工厂区上风头。

不同功能的实验室之间要有区域划分，最好有物理隔断，以减少彼此的干扰。若没有分割，科研实验室的挥发性有机化合物（Volatile organic compounds，VOC）、酸（或碱）性气体可能会进入分析室或办公室。而仪分设备贵重，用电一般是非防爆的，可能会对分析样品造成污染而影响分析准确性。办公室没有防护措施，容易造成职业伤害等。

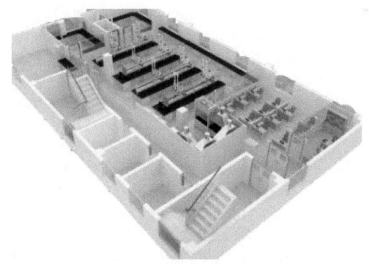

图 2-1　化学实验室平面设计系统

（1）精密仪器室

精密仪器室要求具有防火、防震、防电磁干扰、防噪声、防潮、防腐蚀、防尘、防有害气体侵入的功能，室温下尽可能保持恒定。温度应在 15 ～ 30 ℃，有条件的最好控制在 18 ～ 25 ℃，湿度在 60% ～ 70%，需要恒温的仪器室可装双层门窗及空调装置。大型精密仪器室的供电电压应稳定，一般允许电压波动范围为 ±10%，必要时要配备附属设备（如稳压电源等）。应设计有专用地线，接地极电阻小于 4 Ω（如图 2-2 所示为精密仪器室）。

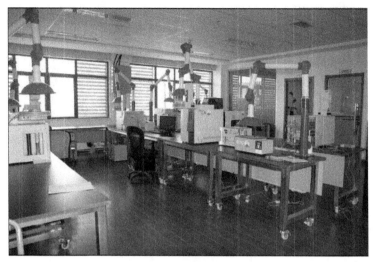

图 2-2 精密仪器室

（2）化学实验室

化学实验室包括有机实验室、无机实验室、化学分析室等，工作中常使用一些小型的电器设备及各种化学试剂，具有一定的危险性，针对这些使用特点在化学分析试验室设计时应满足以下要求。

①建筑应耐火，材料具有防火性能；

②窗户要能防尘；

③室内采光要好；

④门应向外开；

⑤给排水、通风、供电都要符合相关规范（如图 2-3 所示为化学实验室）。

图2-3 化学实验室

（3）药品仓库

由于很多化学试剂属于易燃、易爆、有毒或腐蚀性物品，故不要购置过多。原则上存放少量近期要用的化学药品和样品（易燃品不得超过200 L，即400瓶），且要符合危险品存放安全要求。若有剧毒化学品等需要公安局登记的化学品，要按相关规定独立存放。药品仓库要具有防明火、防潮湿、防高温、防日光直射、防雷电的功能。药品储藏室房间应朝北、干燥、通风良好，顶棚应遮阳、隔热，门窗应坚固，应设遮阳板，窗应为高窗；门应朝外开。易燃液体储藏室室温一般不许超过28 ℃，爆炸品储藏室室温不许超过30 ℃。少量危险品可用铁板柜或水泥柜分类隔离贮存。室内设排气降温风扇，采用防爆型照明灯具，常备消防器材。

（4）钢瓶室

钢瓶要求安放在室外的钢瓶室内，钢瓶室要求远离热源、火源及可燃物仓库。钢瓶室要用非燃或难燃材料构造，墙壁用防爆墙，轻质顶盖，门朝外开。钢瓶室要避免阳光照射，并有良好的通风条件。钢瓶距明火热源 10 m 以上，室内设有直立稳固的铁架用于放置钢瓶（如图 2-4 所示为钢瓶室）。

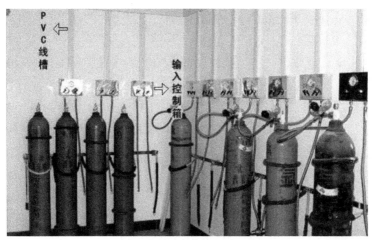

图 2-4　钢瓶室

（5）热源室

热源室用于玻璃仪器、产品、中间体的烘干。设备有烘箱、马弗炉和真空油泵等，用电功率大，其加热方式大都是不防爆的。热源室的电力供应要与设备匹配；设计时应该和有 VOA 产生的实验室、仓库区域保持安全距离。

（6）化学实验室门与走廊

化学实验室区域一定有两个常开门，尽量使常开门和实验室门距离最近；实验室区域的走廊是人流、物流的动脉，是应急疏散的主要安全通道，要保证其顺畅、无阻，宽度要求 1.8 m 以上。化学实验室要求有两个门，以便于紧急撤离。实验台之间通道距离应在 1.0 m 以上。

（7）办公室、档案室

办公室、档案室是受控区，原则上和实验区有物理隔离，主要用于员工在实验工作之余，学习、探讨工作中出现的问题；整理原始数据、书写原始报告、编制报告及打印报告；实验室资料的储藏及查阅。为员工的职业健康着想，实验用品（包括PPE[①]）不得带入办公室、档案室。

（8）更衣室

更衣室要设在实验区域以外，用于生活服装和工作服装的更换；没有更换工作服装不得进入实验室，也不容许穿工作服装到非工作区域活动，旨在禁止把在工作区域被化学品污染（或疑似污染）的服装带到公共区域、带回家庭，从而导致污染扩散。

2. 化学实验室公用设施

除平面设计系统外，给排水系统、电力系统、供气系统、蒸汽-冷冻系统、真空系统、通风系统等都属于公用设施，在化学实验室运转和安全管理体系中占很大比重。

（1）供水系统

化学实验室用水主要有冷却、工艺及清洁等用途，配备上下水嘴。水龙头用水处应远离电插座、气嘴和真空阀门。供水要保证所必需的水压、水质和水量以保证仪器设备正常运行，室内总阀门应设在易操作的显著位置，下水道应采用耐酸碱腐蚀的材料，地面应有地漏。

（2）供电系统

化学实验室用电主要包括照明电和动力电两大部分。其中，动力电主要用于各类仪器设备用电，电梯、空调等的电力供应；实验室供电系统也是实验室基本的条件之一，电源插座由 10 A、13 A、16 A、20 A 漏电保护开关，过载保护开关等构成。电源插座应远离水盆和煤气、氢气的喷嘴口等，并且不能影响

---

① Personal protective equipment，个人防护用品。

实验台仪器的放置和操作位置。

总控制箱要在实验区域外，最好箱内保持正压状态；可能有有机气体存在的实验室，要用防爆电器。在有机实验室内，要配备易燃气体报警装置和除静电球。

（3）供气系统

实验室用气都是带有一定的压力的，如果操作不当会造成气体不受控制而泄放，从而导致事故，所以一般是通过输气管把气体输送到实验室内。

气体钢瓶要安放在室外的钢瓶室内，通过不锈钢等耐压管道输送到实验室。实验室用气主要有不燃气体（氮气、二氧化碳）、惰性气体（氩气、氦气等）、易燃气体（氢气、一氧化碳）、剧毒气体（氟气、氯气、氨气）、助燃气（氧气、空气）等。

原则上气体钢瓶不得进入实验室，如无输气管的实验室临时用气，钢瓶应放置在专用箱柜中使用，用后应及时归库。原则上只有不燃气、惰性气体可以临时在实验室内使用。

所有的管线在安装完毕后一定要做气密性实验，并在使用前要先除油。

钢瓶装易燃、易爆气体可与惰性气体同柜，但是杜绝两种易燃气体同柜。

（4）真空系统

真空系统是实验室常用的物料分离、输送及干燥的公用设施，因过程中系统处于负压，可能会有诸多工艺、设备等安全隐患。

①真空泵一般有水泵、油泵和无油泵三类，泵与管线及装置构成了真空系统。

②真空系统常用于蒸馏和液体物料输送。在真空中，液体沸点降低，可以快速蒸出低沸点液体物料，或在较低温度下（相对于正常沸点）蒸出高沸点、易分解液体物料。

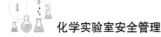

③真空系统中玻璃仪器磨口连接处要涂真空油脂，避免漏气或产生粘连咬合状况。若真空油脂会造成污染，可以缠特氟龙带以保持真空、避免粘连咬合。

④真空条件下物料挥发性被放大，无论系统冷却效率强弱，都会有物料进入泵中，操作时泵须放在通风橱内，避免挥发性物料对操作人员造成伤害，或局部可燃性蒸气浓度过高酿成安全隐患。

⑤热的液体物料突然抽真空会爆沸，致使实验失败或玻璃瓶爆炸。真空下烧瓶爆炸碎片是向外飞的，非常危险！因此真空蒸馏时，应该先抽真空、再加热，同时用有机玻璃挡板把操作者和蒸馏瓶隔开。

⑥物料用真空脱水或低沸溶剂时，最后会达到一个平衡——水或低沸溶剂含量不再降低，通入微量惰性气体可以使之降低；但气体量变大会造成产品损失或事故隐患。

⑦真空干燥是化学实验室常用的固体干燥方法，但固体物料干燥时也会达到一个平衡——水或低沸溶剂含量不再降低，通入微量惰性气体可以打破平衡，带走水分或溶剂。

⑧若用油泵做真空操作，实验结束后，应该把油泵和系统隔离后，再运行 10 ～ 15 min，以清除进入油泵中的易挥发物。

（5）通风系统

在化学实验室科研、分析过程中，有毒、有害或腐蚀气体的产生是不可避免的。为避免对科研人员的健康造成不利影响，或避免其累积造成安全隐患，及时排除这些有毒气体是十分必要的，因此，设计有效的通风系统就至关重要了。

化学实验室的通风系统最新观念就是将整个实验室当作是一台通风柜，排气的同时适当供应新风保持实验室负压，科研人员应在通风系统上风头。化学实验室常用排风设备主要有：通风柜、原子吸收罩、万向排气罩、吸顶式排气罩、台上式排气罩等。其中通风橱最为常见。

①通风橱通风是安全防护必不可少的关键措施，其作用在于能有效降低有毒、有害等危险化学气体和科研人员的接触；

②通风橱要用防火材料制造，门面玻璃要防爆；

③实验中通风橱应常开，风速应控制在（0.5±0.1）m/s;

④除投料、后处理外，其他实验过程中视窗要拉下来，据实验台面 15 ～ 20 cm 为宜；

⑤实验中不得将头伸入通风橱内观察；

⑥通风橱操作区域内要保持畅通，不得存放物品。

（6）废气处理

通过通风系统，可以大幅降低科研人员暴露在有毒、有害或腐蚀化学气体中受到伤害的程度，但是排出的废气不加以治理，就会造成土壤、大气的污染，贻害社会。为此，化学实验室废气治理势在必行。

化学实验室废气一般有易挥发的有机或无机气体，如二氯甲烷、甲苯、四氢呋喃等，或二氧化硫、氯化氢、二氧化氮、氨气，以及气体夹带的些许化学品颗粒。废气治理常规有以下途径。

①实验室通风系统统一出口；

②活性炭吸附；

③喷淋脱水溶性废气；

④净化达标后放空。

如图 2-5 所示为化学实验室废气处理流程图。

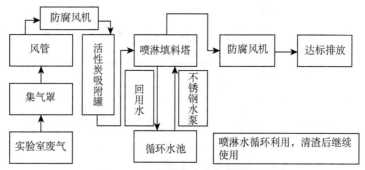

图 2-5　化学实验室废气处理流程

二、化学实验室科研用设备设施

化学实验室设计、建造较好，公用设施齐备，只是给科研活动提供了一个安全、规范的平台；是否能安全、环保地进行科研工作，还要看科研人员如何去操作。以下将讨论和科研实践密切联系的设施、设备方面相关的安全问题和注意事项。

1. 固定设备设施

（1）实验准备台及试剂的存放

①实验准备台应具备台面平整、不易碎裂、耐酸碱及耐溶剂腐蚀、耐热、不易碰碎玻璃器皿等特性；

②实验准备台中间配备多层试剂架，是存放临时用的非挥发、非腐蚀的化学试剂，pH 试纸、标准溶液，以及低值易耗的实验用品；

③切记，液体不得放置在上层；

④若没有配备万向吸风罩，实验用溶剂、腐蚀性液体等试剂不可以在准备台上存放、处置。

（2）实验室储物柜

①实验室的储物柜是存放常用玻璃仪器、实验用低值易耗

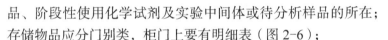

品、阶段性使用化学试剂及实验中间体或待分析样品的所在；存储物品应分门别类，柜门上要有明细表（图2-6）；

②易制爆试剂、易制毒化学品、剧毒化学品不得存放在实验室，要专人、专门房间存放，出入有记录；

③腐蚀性试剂可存放在耐腐蚀柜中；

④挥发性液体要存放在有排风、防静电的储物柜中；

⑤存放时要遵照化学品存放的相关法律法规，不得违反其禁忌关系；

⑥暂存的挥发性、腐蚀性液体（甲酸、酰氯、盐酸等）橱柜，要耐腐蚀，且能排风；

⑦存储时要分类、密封，避免试剂(产品)之间的交叉污染；

⑧暂存化学品的量不得超过一周实验用的试剂量。

图2-6　实验试剂储物柜

（3）排水系统与废液处理

化学实验室的排水管原则上是和周边（如工厂、园区）的专业废水处理系统联网的，但不一定能保证管网是有效的；因此，要避免含物料的废液、洗涤反应系统的头道废水进入下水道，保护土壤、水源、环境不受污染。

①实验室废液要分门别类，按其禁忌关系暂时储存在不同的废液桶中；

②玻璃仪器洗涤时，先用少量水淋洗 2 次，再在水槽中洗涤，高浓度的淋洗液倒入废液桶暂存；

③操作有机废液时要防静电；

④废液桶要标明大概成分、pH 等数据；废液要及时交由有资质的环保部门处理。

（4）有机化学实验室

①实验常用易挥发、易燃、易爆的有机物，且有机气体大都重于空气，容易在低处聚集，为安全考虑，实验室要安装可燃气体检测器。

②有机实验室应有防静电装置。

③搅拌机、电器开关、插座等仪器设备都应该是防爆的。

④实验都应在通风橱里操作，没有例外。

⑤要保持有机实验室的通风状态，降低挥发性有机物在工作环境中的浓度。

⑥实验废液含挥发性溶剂，应放在专设的通风橱内；倒入废液桶前要考虑废液中所含化学品的禁忌，有可能反应的废液不得混放。

⑦有机实验基本上用玻璃设备，玻璃是脆弱的，尤其是有缺陷的玻璃制品；实验前一定要检查玻璃设备的完整性，以降低升温、降温、反应、应力等因素致使其破裂而造成伤害或事故。

⑧实验中测量温度时大都用玻璃水银温度计，储存水银的玻璃球外壁很薄，特别脆弱，使用时要小心翼翼，否则玻璃球破裂，剧毒、挥发性的水银泄露，会损坏健康、污染环境或导致实验失败；若破损后，可收集的水银应置于水下暂存，已被污染的区域覆盖硫黄粉以减轻其危害。

（5）无机实验室

①无机实验室操作时也会用到乙醚、乙醇等易燃、易爆的有机化合物，实验室防火、防爆等设施要遵守有机实验室的安全规定。

②无机实验常用到无机盐的烧杯等敞口容器对水溶液浓缩的操作，切记操作要在通风橱中进行，必须佩戴合适的个人防护用品，因为不挥发的金属盐会被水蒸气带到空气中从而造成人身伤害。

③马弗炉加热、热过滤等带热操作，切记从马弗炉取出的有余热的容器要放置在石棉网等隔热的防火材料上，预防高温容器引起的设施损坏或火灾；热过滤的滤瓶同样要放置在石棉网等隔热材料上，防止滤瓶破裂造成事故。

④无机实验用的许多试剂有禁忌，如氧化剂与还原剂，酸气易生物与强酸、碱与酸等，使用或实验前暂时存放时要注意隔离，避免安全事故和交叉污染造成损失。

⑤钠、钾应保存在煤油里，用镊子、刀处理、取用；镊子、刀用毕置于醇中，不得碰水，避免残余在镊子和刀上的金属遇水、氧后放出氢气、热量发生自燃。

⑥白（黄）磷应保存在水里，用镊子、刀取用、处理。白磷剧毒，且在空气中自燃。

⑦在氰化物存放、使用环境中不能有挥发性酸（浓硝酸、浓盐酸等），以避免其生成氢氰酸造成伤害。

⑧挥发性酸应单独存放在防腐蚀、通风的酸橱内，避免对

电器、金属用品的腐蚀，以及酸气被其他化合物吸附造成交叉污染。

（6）急救箱及安全设施

①无机实验室急救箱应配备的用品：

a. 牛奶：身体组织的化学品伤害的替代物；

b. 氢氧化镁乳剂：酸性物体的中和剂；

c. 硫酸镁溶液：重金属中毒急救；

d. 碳酸氢钠或稀氨水：酸灼伤水冲洗后的中和剂；

e. 1% 的柠檬酸或硼酸水溶液：碱灼伤水冲洗后的中和剂；

f. 20% 的硫代硫酸钠溶液：溴灼伤洗涤剂；

g. 饱和硫酸镁溶液：氢氟酸灼伤水冲洗后的洗涤剂。

②洗眼器和喷淋器：洗眼器和喷淋器是重要安全设施，须按时检验、清洁，以保证其有效性（图 2-7）。

图 2-7　洗眼器和喷淋器

2. 实验用设备设施

（1）玻璃仪器

玻璃仪器在实验室应用最为广泛，有很大部分事故和玻璃仪器相关；因此，了解玻璃的性质对实验安全操作是很重要的。

a. 玻璃硬（硬度 6 ～ 7）且易碎；万一破碎，边缘像刀刃一样，易造成伤害。

b. 抗压力强，但抗拉力弱，应力下（真空、压力或冷、热操作等）本身有缺陷或稍有损伤就会造成断裂、破碎；飞溅的玻璃碎片堪比弹片。

c. 导热性差，厚料玻璃导热性更差，加热、降温不均匀易产生损害。

d. 遇碱性物或高温下，接触面易产生粘连，致使拆卸困难造成损害。

e. 玻璃装置是多个玻璃仪器通过磨口或橡皮塞等连接而成的装置，容易产生应力，而且不耐压。

①安装玻璃装置前，要仔细检查，确保其无裂纹、针眼、变形等缺陷。

②若烧瓶质量因磨损、腐蚀变轻了（新瓶质量的90%以下），应预防性废弃使用。

③安装或拆卸玻璃装置时，要戴防护手套；实验过程中要带防护眼镜。

④安装玻璃装置时，紧固件须松紧适当，使连接处不产生（或少产生）应力（扭力、拉力等）。

⑤玻璃仪器在暂时存放、洗涤过程中要放在软垫上。

⑥常用玻璃仪器是不耐压的，玻璃装置必须要有出气口，不得带压操作。

⑦回流反应或产气反应操作，要用冷却面积适当的冷却器，避免气体冷不下来造成瓶内压力过高，从而造成冲料或爆

炸等事故。

⑧高温或真空操作时磨口处要有防粘连措施；若发生粘连，拆卸时要戴防护手套。

⑨玻璃仪器若有破损，要及时彻底清理、清洗，定置存放，标注清楚，避免锋利的玻璃或附着的化学品造成伤害。

（2）旋转蒸发器

旋转蒸发器是高效、快速的液体脱溶、高低沸粗放式分离和固体干燥的，集蒸馏、加热、冷凝于一体的组合型玻璃装置（图2-8）。

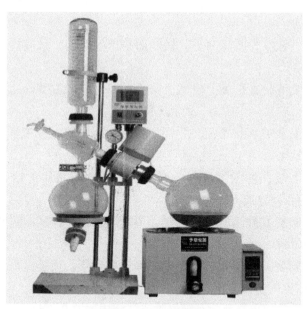

图2-8　旋转蒸发器

①使用前，先观察玻璃部件（蒸馏瓶、接收瓶、冷凝器）的完好性，再调试旋转、真空系统、加热装置的有效性。

②打开冷凝水，向蒸馏瓶中加料（不得超过蒸馏瓶的2/3，

如果低沸的再适当减少），开真空吸住蒸馏瓶，再开旋转，最后加热；磨口要涂真空硅油脂。

③旋转速度过高、加热温度过高可造成爆沸，使实验失败或引发安全事故。

④蒸馏完毕后，停止旋转、加热；打开放空阀，取下蒸馏瓶；然后关真空、电源。

⑤注意：含过氧化物、易聚合放热、硝基化合物等会有突发性能量释放的溶液，不得用旋转蒸发器处理。

⑥含水分（或溶剂）的固体加入蒸馏瓶中，同样操作即可。

（3）干燥设备

大部分固体化合物都是在液体介质中制备或在液体中结晶得到的，要获得纯的产品，必须要脱除附着的溶剂或水，必须要经过干燥设备处理。

实验室烘干设备有常压、正压烘干设备（鼓风）和负压烘干设备（真空）等几种；按加热方式分为常规烘干设备（电加热、蒸汽）、冷冻烘干设备（冻干）和辐射烘干设备（红外、微波等）等几种；按烘干物料在过程中运动方式又可分为固定式烘干设备（固定床，如托盘干燥）和动态烘干设备（流动床、履带式、旋转干燥、喷雾干燥等）。另外，以上3种方式可以有机结合形成多种高效、专用的烘干方式，如旋转真空干燥、低温喷雾干燥等。

①一般烘干设备内部设计是不防爆的，不宜用于干燥挥发性易燃物品或易产生粉尘的产品。

②过氧化物、硝基化合物等易爆化合物烘干，要专用的设备和合适的操作程序。

③一般烘干设备内部设计是不防腐的，不宜用于干燥腐蚀性物品。

④易分解化合物应该用真空烘箱干燥。

⑤烘干操作属于热（冷）工操作，必须佩戴合适的个人防护用品，如专用手套防止烫伤（冻伤）、口罩和防护眼镜等。

⑥烘箱长时间运转可能会加热失控（部件损坏、电压变化），建议不用时关闭电源。

⑦旋转蒸发器稍作改变，便可具有旋转真空干燥、喷雾真空干燥等高效干燥的功能，又具有可视性；是研究干燥的一大利器。

⑧微波炉干燥化合物，具有高效、节能的特点。

（4）夹套玻璃反应釜及配套高低温循环装置

带夹套的 10 ~ 50 L 的玻璃反应釜、旋转蒸发器是化学实验室常用的中试放大设备，而高低温循环装置是配套的控温设备，通过加热的或冷却的导热油夹套循环来控制反应温度或冷却，十分方便，效果很好。

夹套反应釜体积大、玻璃较厚且夹套和釜体是焊接的，可能存在缺陷、应力不均匀等安全隐患；因此使用时要注意安全。设备启用前要先进行调试。

①启动高低温循环装置的导热油进、出阀门，设置导热油温度在高限，加热并开循环；温度到高限后再运行 1 h；以确保夹套玻璃反应釜及配套高低温循环装置高温运行的安全性。

②然后开启制冷模式，设置导热油温度在低限，制冷并循环；温度到低限后运行 1 h；以确保夹套玻璃反应釜及配套高低温循环装置高低温转换和低温运行的安全性。

③夹套反应釜稍加改装，便成了减压蒸馏装置，前面两条也要在真空状态下实验，以确保夹套玻璃反应釜及配套高低温循环装置高温、低温真空条件运行的安全性。

④高温或低温操作后，继续循环，等夹套油温回到室温后，才能关闭循环和导热油进出阀门。若高温下关阀，会造成夹套内导热油在密闭空间内冷却收缩，造成反应釜破裂，尤其

是夹套、釜体焊接部位；若低温下关阀，夹套内导热油在密闭空间内升温，膨胀，产生高压造成反应釜破裂。

⑤反应釜是易碎、不耐冲击的玻璃制品，不是安全的化学品存储容器；操作后要及时清空，反应液要立即处理并妥善存放，以防止意外发生造成安全事故或财产损失（如图2-9所示为带夹套玻璃反应釜及配套高温、低温循环装置）。

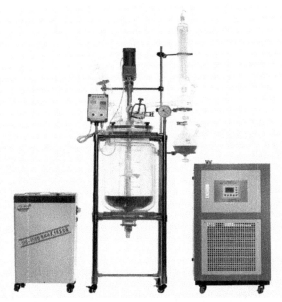

图2-9　夹套玻璃反应釜及配套高温、低温装置

（5）大型玻璃仪器的安全操作

化学实验室微量或小量工艺试验成功后，大都会适时放大甚至中试，为科研成果进一步规模化、产业化做准备。大的（5 L以上）、脆的、不耐冲击、易碎玻璃设备人工操作起来，因重量大（含物料）、圆的外形且外壁湿滑等因素使危险性更大，

而且不易控制。

　　建议中试放大时，应该借鉴化工生产的成功安全操作方式，利用虹吸、真空、离心等方式来转移物料或分离操作，尽可能地减少人工操作，降低安全隐患。

　　在有机物料转移和处理时，必须要控制转移速度以降低静电危害；操作要在通风橱内进行，按 MSDS 的要求穿戴个人防护用品（PPE）。

编者：郭建国

第三章　化学反应安全预防

随着我国化学化工科技水平的不断发展，相关部门对化学实验室建设日趋重视。由于化学实验类别逐渐多样，化学反应过程中的安全隐患也逐渐增多，若不加重视，一旦发生安全事故，就会造成严重的人员伤亡和极大的经济损失。因此，要加强对化学反应安全重要性的认识、对安全性指标的深入了解，以及对安全操作注意事项的高度重视，进而对化学反应安全预防进行有效管理，提升危险化学反应的安全预防，保证危险化学反应过程的安全进行。

危险的化学合成反应在有机合成反应中比例不大，但是事故率高，危害大，容易造成反应失败、项目进程延误、物料与财产损失，甚至人员伤亡。

所谓危险化学反应，是指那些存在危险隐患，易发生事故的反应，包括但不限于以下几点。

①瞬间剧烈放热的反应，容易发生冲料或燃烧爆炸事故；

②有大量气体产生的反应，容易发生冲料或燃烧爆炸事故；

③有毒物质（特别是毒性、催泪、臭味等刺激性物质）参与或产生的反应，容易发生人员伤害事故；

④有致敏或强腐蚀性的物质参与或产生的反应，容易发生人员伤害事故。本章节主要讲述以下几个方面的危险化学反应。

一、叠氮化试剂及其参与的反应

自 1864 年由德国化学家 Griess 制备出第一种有机叠氮化合物——苯基叠氮以来，不断通过以叠氮钠（也称迭氮钠）为代表的叠氮化试剂进行拟卤二级反应动力学的亲核反应，制备出了大量有机叠氮化合物，三氮唑、四氮唑等有机化合物，这类富含能量又可作为活性中间体加以多种应用的化合物引起了人们的广泛重视。通过有机叠氮化合物、多唑类杂环的合成及其延伸，研发人员可以完成许多设计规划。然而，以叠氮钠为代表的叠氮化试剂，以及有机叠氮产物和多氮产物通常都具有爆炸性，通过热、光、压力、摩擦或撞击等引入少量外部能量后，就会引起剧烈的爆炸性分解，造成事故。针对这些易爆反应，必须认识到安全的重要性。

1. 安全认识

从合成、后处理、纯化和保存的安全角度出发，需要有以下四点基本安全意识：

①有机叠氮及多氮化合物都具有潜在的爆炸性，小分子量的中间体或终端产物不能以纯品形式保存，需要低温保存在低于 1 mol/L 的稀溶液中；分子量较大的纯品（或含量高）的中间体及终端产物，也需在低温和黑暗状态下少量保存。

②在设计路线时，若中间体或目标产物为有机叠氮化合物，需考量其爆炸危险性的大小。

③在叠氮钠参与的反应中不要使用卤代烃（如二氯甲烷和氯仿）做溶剂，以免生成爆炸性更强的二叠氮甲烷和三叠氮甲烷。

④相关废弃物应装入独立专用且有明确标记的容器中，尤其不要与酸接触，以免产生感度（爆炸）更高及毒性更高的 HN_3（沸点只有 36 ℃）；如果浓度大于 14%，即使没有氧气，

叠氮酸的蒸气对震动也是非常敏感的，轻微震动也会爆炸，而且，HN₃ 的毒性接近 HCN。

2. 安全性指标

原子数比值、叠氮比值与爆能比值三者之间是存在线性关系的，通过以下三方面的评估，基本就能了解其爆炸危险性。

（1）原子数比值

当目标叠氮化合物的原子数比值 ≥ 3 时，可认为有足够的安全系数，但在其合成、后处理、分离和储藏时，总量也应限制，最多不要超过 30 g；如果超过 30 g，风险系数会加大。

（2）叠氮比值

叠氮比值是指叠氮基成分（氮原子量与叠氮基团数量的乘积）在分子中所占的比重，通常可用这个比值指标来考量有机叠氮化合物的爆炸性。当叠氮比值为 6% ～ 7% 时，可能具有爆炸危险性；低于 6% 就基本没有爆炸危险性；若叠氮比值超过 7%，就存在爆炸危险性，比值越高危险性越大。也就是说，只有一个叠氮基的分子，当其分子量小于 200 时就具备了爆炸危险性；有两个叠氮基的分子，其分子量小于 400 时就有爆炸危险性。例如，作为治疗艾滋病的首选药物叠氮胸腺嘧啶脱氧核苷（Azidothymidine，AZT），也称齐多夫定及抗生素阿度西林等极少数药物的分子中虽然有叠氮基，但却没有爆炸危险性，是因为它们的叠氮比值低于 6%。

（3）爆能比值

爆能比值是指分子的放热分解能除以分子量的值，是以放热焓变 ΔH 来衡量的，经验表明，当有机叠氮物的爆能比值超过 0.8 时，即放热焓变 ΔH 大于 0.8 kJ/g，爆炸的危险性就存在；若比值小于 0.8，爆炸危险性降低；比值越小，安全系数越大。

3. 安全操作注意事项

①叠氮钠属于剧毒品，投料、反应和后处理时，需戴好防毒面具和手套，做好个人防护。叠氮钠及有机叠氮物均属于高感度易爆品，不能用金属勺或刮刀进行取样、称量等操作，也不能受热、震动，更不能烘干。

②具有爆炸特性的叠氮化合物，不能以纯品甚至浓溶液的形式保存，要以稀溶液的形式保存。最好直接用于下一步，直到叠氮基团消失为止。结合下一步的反应，可用与下一步相同的疏水溶剂（如二氯甲烷、甲苯等）提取，不要浓缩。如果下一步不是疏水溶剂，可在后处理的低沸点萃取液中加入下一步的较高沸点溶剂，通过减压浓缩，置换出低沸点的萃取液。用较高沸点溶剂置换原来的低沸点溶剂是一种可取的安全变通方法，在多数情况下可以考虑使用。

③带有叠氮基的产物在分子量小于 200 的情况下，如果物料量超过克级，不能加热浓缩，更不能蒸干或烘干；即使分子量为 200 ～ 250，如果反应规模较大，也要慎重考虑。

4. 实例

（1）案例 1

①工艺：将 80 g 底物 A（240 mmol）和 40 g NaN₃（0.6 mol）加入 250 mL 乙醇中，加热至 65 ～ 70 ℃，反应 4 h。TLC 板 [石油醚与乙酸乙酯体积比为 10：1，R_f 为 0.5] 显示反应原料消耗完全，无剩余。然后将反应混合液倒入 4L 冰水中，用甲基叔丁基醚萃取 3 次，每次 1 L。合并后的有机相用无水硫酸钠干燥，然后真空浓缩得到 B。

②注意事项：后处理进行真空浓缩很可能会发生爆炸。因为该产物带有两个叠氮基，原子数比值＜ 3，叠氮比值＞ 7%，爆能比值＞ 0.8，是一个具有明显爆炸危险性的化合物，不可以真空浓缩，特别是产物在量较大的情况下，不要以纯品存在，

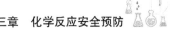

需要结合下一步反应及其所用溶剂进行相应安全处理。

（2）案例2

①工艺：将 40 g 反应底物和 42 g 氯化铵溶于 EtOH/H_2O（1500 mL/450 mL）的溶液中，加入 51 g 叠氮钠，在 80 ℃下反应 16 h 后，减压蒸出乙醇，残留的水层用乙酸乙酯萃取，萃取后的有机层用盐水洗涤 3 次后，干燥，减压旋干，过柱纯化，浓缩得产物。

②注意事项：a.注意加料顺序，先将反应底物溶于 EtOH/H_2O 中，然后加叠氮钠，最后加氯化铵；该产物带有叠氮基，在 80 ℃下反应 16 h 后蒸出乙醇，极具爆炸危险，原子数比值＜3，叠氮比值＞7%，爆能比值＞0.8，是一个具有爆炸危险性的边缘化合物。b.由于氯化铵大幅过量，反应液呈酸性，反应结束后，要用碳酸钠溶液转化反应液至碱性（pH＞10，所有脂溶性的 HN_3 都转化为水溶性的 NaN_3）后，再用乙酸乙酯萃取。萃取液不能浓缩至干，否则也可能爆炸。结合下一步反应的溶剂环境，按照上述相关项的安全注意事项来选取合适萃取溶剂，规范操作，严格做好各项保全措施。

（3）案例3

①工艺：室温下，将浓盐酸（4.92 mL，60 mmol）加入含 24 g NaN_3 的 40 mL 二氯甲烷悬浊液中。搅拌 1 h 后，逐滴加入 12 mL 底物 A，然后加入 3.6 mL 三乙胺，室温搅拌 5 h 后，将反应混合液加水稀释，然后分层。水相用二氯甲烷再次萃取，合并后的有机相依次用饱和碳酸氢钠水溶液、饱和食盐水洗涤，无水硫酸镁干燥，然后真空浓缩。

②注意事项：a.建议不要使用 DCM 等卤代有机化合物做溶剂，因为 DCM 可能会消耗叠氮钠；b.反应结束后，由于 $NaHCO_3$ 的碱性弱，只能调节 pH 为 8 左右，要用 Na_2CO_3 水溶液中和酸性反应液调至 pH 为 9 ～ 10；c.该产物带有叠氮基，

原子数比值＜3，叠氮比值＞7%，爆能比值＞0.8，具有爆炸危险性；d. 根据下一步反应综合考虑选择合适萃取溶剂，不用浓缩，或用下一步高沸点的溶剂来置换萃取溶剂。

（4）案例4

①工艺：在氮气保护下，将化合物 A（45 g，0.33 mol）、氯化铵（54.0 g，1 mol）和 NaN_3（28.5 g，0.43 mol）加到80%的乙醇水溶液（1000 mL）中，然后加热至 75 ℃，搅拌 2 h。冷却后，加入水（800 mL），然后用乙酸乙酯萃取 3 次，每次200 mL。萃取得到的乙酸乙酯相，用水洗 2 次，每次 200 mL，然后用无水硫酸钠干燥。在水相中加入氢氧化钠水溶液调节至 pH 为 11，然后用次氯酸钠淬灭。

②注意事项：该反应是在酸性环境中进行的，有极易爆炸的 HN_3 生成，其会转移到乙酸乙酯中，需要用 Na_2CO_3 溶液调节反应液 pH 至 9～10，才能用乙酸乙酯提取，或者用下一步的溶剂置换掉乙酸乙酯作为萃取剂则更好。

（5）案例5

①工艺：将 A（660 g，4.78 mol）和三乙胺（800 mL，5.74 mol）溶于四氢呋喃（960 mL）中，冰浴冷却下，加入叠氮磷酸二苯酯（DPPA，1.13 L，5.26 mol）。室温搅拌 4 h 后，将反应混合液倒入含有乙酸乙酯、饱和碳酸氢钠水溶液的混合液中，然后用乙酸乙酯萃取，合并后的有机相用无水硫酸钠干燥，然后减压浓缩掉溶剂。残留物用甲醇洗涤，得到产物（580 g，收率为74%）。

②注意事项：产物有爆炸性，后处理用浓缩的方法取得产物，这样操作是很危险，产物不能以高浓度保存或提纯。

（6）案例6

①工艺：将 100 g 底物 A（0.62 mol）、102 g NaN_3（1.5 mol）和 83 g NH_4Cl（2.5 mol）加入 1500 mL DMF 中，在搅拌下加热

至 110 ℃，反应 72 h。冷却至室温，倒入冰水中，用乙酸乙酯提取 1500 mL 3 次。干燥、浓缩，得到粗产物。

②注意事项：a. 因为过量的 NaN$_3$ 在酸性 NH$_4$Cl 下会产生爆炸性的 HN$_3$，后处理时很难用水洗去便进入乙酸乙酯，浓缩时就会发生爆炸；b. 后处理时，先用碱将反应液 pH 调至 9～11，才能用乙酸乙酯提取；c. NaN$_3$ 是剧毒品也是易爆炸物，不能用金属勺或刮刀进行取样称量等操作；d. 所有接触过 NaN$_3$ 的器具和后处理水溶液都要用 NaClO 荡洗；e. 处理含有过量 NaN$_3$ 的反应母液，要按照 1∶50 以上的浓度配成稀的水溶液，在搅拌下慢慢加入 NaClO 进行淬灭，彻底搅拌后静置过夜。如果 NaN$_3$ 太浓，加入 NaClO 时可能发生爆炸。多余的 NaN$_3$ 约需 500 mL 饱和 NaClO 溶液进行淬灭。

二、过氧化物及氮氧化物参与的反应

这类反应包括过氧化氢等无机过氧化物、过氧酸、有机过氧化物等，以及它们参与的具有爆炸危险的危险反应和后处理；还包括通过这些危险反应生成的有机过氧化合物，以及各种氮氧化物的爆炸危险性，都需要深入了解，并引起特别重视。

1. 安全认识

对有机过氧化物及氮氧化物的爆炸危险性需要全面认识。衡量过氧化物和氮氧化物，以及它们的目标产物（为过氧化物或氮氧化物）的爆炸危险性，有两个经验参数可参考，一是过氧比值，二是放热焓变，它们都是过氧化物的安全性指标。

2. 安全性指标

过氧比值是指过氧基或氮氧化物成分（氧原子量与过氧基团或氮氧基团数量的乘积）在分子中所占的比重。通常可用这个比值指标来考量有机过氧化物的爆炸性。如果过氧比值超过 8%，就有爆炸危险性，过氧比值越高，危险性越大。只有一个过氧基团（或一个氮氧基团）的分子，当其分子量小于 200 时就可能具备了爆炸性；有两个过氧基团（或两个氮氧基团）的分子，其分子量小于 400 就可能具备爆炸性。这种方法比较直观和简单。对于放大或大规模生产，还需要结合爆能比值（放热焓变）进行细致考量。

氮氧化合物的爆炸危险性来自于其中的含能基团——氮氧键，以前不被人们重视，由于发生过多次爆炸事故才逐渐被人们重视起来。一些吡啶类、嘧啶类、嗪类等氮杂芳环，形成一个类苯结构的大 Π 键。因为环氮原子的电子对不参与构成大 Π 键，环碳原子的电子云流向氮原子，氮杂芳环被钝化，致使氮杂芳环成为一个缺电子环系，导致亲电取代反应难度加大。当氮杂芳环上的氮原子被氧化生成氮氧化物后，氧原子的电子对向环上转移，环上 π 电子云密度增大，因而亲电取代反应被活化，其作用机制相当于氯苯，亲电取代反应中亲电基团优先进攻氮氧位的邻位和对位（即 2 位和 4 位）。氮杂芳环上的氮原子被氧化生成氮氧化物的目的意义就在于此。

吡啶氮原子可被过氧化氢或过氧酸氧化而形成氮氧吡啶化合物（也称吡啶氮氧化物、吡啶 –N– 氧化物、N– 氧化吡啶、氮氧化吡啶、氧化吡啶等），表达方式有如下几种。

① N– 氧化吡啶通常只作为一个重要的过渡性中间体来应用。由于氮原子被氧化后不能再形成带正电的吡啶离子，其 2 位和 4 位活性增强，有利于发生芳香族亲电取代反应，可在这些位置进行氯化、硝化等，主要生成 4 位取代的 N– 氧化物，若 4 位已有基团，则在 2 位取代。取代完毕，然后通过转位机理可消去其氮上的氧，就可以得到由吡啶直接取代所不能得到的衍生物。因此吡啶类氮氧化物也常被用作有机合成试剂或中间体。

② 通常用 $H_2O_2/HOAc$ 体系或间氯过氧苯甲酸（m-CPBA）氧化。底物被氧化后，其极性大大增大，TLC 的 R_f 值大幅降低。

通过大量事故分析，被氧化生成的氮氧吡啶类、氮氧嘧啶类和氮氧嗪类化合物，其中的氮氧化学键（N $\longrightarrow$ O）富含能量，通常被认为是一个高能量的爆炸基团，相当于一个过氧基团，也称为拟过氧基，其氮氧化物被称为拟过氧化物，因此，氮氧化物的爆炸危险性可以参照过氧化物爆炸危险性。

3. 安全操作注意事项

①在溶剂中进行的反应通常不会有危险性。溶剂不但提供了一个各反应物之间能相互碰撞接触进行反应的平台，而且自身也是一个热容库，在力所能及的范围内吸收并化解瞬间产热带来的各种危险。因此，反应期间发生的爆炸事故比例并不大，其爆炸危险性一般表现在后处理的浓缩、干燥等阶段，所以，后处理阶段自始至终要全面做好个人防护。

②过量的过氧化物在有机相中的浓度往往大于其在水中的浓度，通常很难用水洗尽过量的过氧化物。除去多余的过氧底物，可用亚硫酸钠或亚硫酸氢钠等还原性物质的水溶液来处理有机层，通过充分搅拌，将过量的过氧底物淬灭。要预先核算一下过氧底物的多余量，才能得知需要多少亚硫酸钠或亚硫酸氢钠等还原性物质，还原性淬灭剂的量最好要比理论量多出10%。一般情况下，1 g 亚硫酸钠（配成 10% 的水溶液）可以淬灭 2 g 左右 70% 含量的 m–CPBA，淬灭剂用亚硫酸钠或亚硫酸氢钠，效果优于硫代硫酸钠或二氧化锰。

③用水润湿的淀粉碘化钾试纸来测试有机层中是否有残留的过氧化物（或氧化剂），呈阴性才能确保后面的操作安全。在某些情况下，这种测试不像测 pH 那样快而灵敏，观察时要耐心。另外，使用淀粉碘化钾试纸时还需要注意所测试溶液的pH。当被淬灭的溶液为碱性，pH 超过 9～10 时，淀粉碘化钾试纸中的 KI 变成蓝色 I_2，又可以继续发生如下歧化反应：

$$3I_2 + 6OH^- \rightleftharpoons 5I^- + IO_3^-$$

这样就可能产生假阴性，容易误导，以为过氧化物已经除进而进行误操作，导致发生危险。因此，用淀粉碘化钾试纸时首先要知晓被测溶液的 pH，以免误判，得出错误结论。

④要注意到反应所用的溶剂是否会被过氧化物氧化。如果反应溶剂被氧化，在后处理过程中，如浓缩操作就可能发生爆炸。具有爆炸危险性的有机过氧化物，不能与金属接触，也不能震动或受热，更不能烘干。不能以纯品甚至浓溶液保存，要保存于稀的溶液中。

⑤如果产物为过氧化物或氮氧化物，那么这些产物也可能有爆炸性（除非满足过氧比值与爆能比值的安全性指标），其合成、后处理和分离纯化不宜使用浓缩（常压蒸馏和减压蒸发）等操作，最佳选择是萃取后保留在溶液里直接用于下一步。柱层析洗脱液的浓缩也可能引起这类化合物分解爆炸。产物不能在烘箱内干燥，若一定要获得少量干燥物，最好在常温下真空干燥，干燥后的产物不能用金属勺或刮刀进行操作。

⑥产物为过氧化物或氮氧化物时，其后处理最好结合下一步的反应，可用相同的疏水溶剂（如二氯甲烷、甲苯等）提取，不要浓缩。如果不是疏水溶剂，可在后处理的低沸点萃取液中加较高的沸点溶剂，通过减压浓缩置换出低沸点的萃取液，用较高沸点溶剂置换原来的低沸点溶剂是一种可取的安全变通方法，在多数情况下可以考虑使用。

⑦解除真空时，不要直接用空气，应该用氮气或氩气等惰性气体。氮氧化物的相对分子质量在 120～150 时常为胶固状，超过 150 多为固体。如果分子中含有极性的基团，呈固态的分子量还会降低。这在后步反应的加料顺序上值得注意，通常需要将固态的氮氧化物加到液态的反应物中，便于散热。如果加料顺序颠倒，有可能由于散热不良而导致意外事故发生。

4.实例

（1）案例 1

①工艺：在冰水浴冷却下，将化合物 A（60 g）缓慢加入搅拌下的 330 mL 冷水中，随后缓慢加入过氧化氢（108 mL）。将反应液升温至 65 ℃，搅拌过夜。冷却至室温后，向反应液中加入氯化钠至饱和，然后用乙酸乙酯萃取。合并后的有机相用无水硫酸镁干燥，然后旋干，得到产物。

②注意事项：在加热减压浓缩乙酸乙酯提取液时，会发生猛烈爆炸，即使分多次旋蒸也有爆炸危险，因为反应后处理时，大量过量的过氧化氢会溶解在乙酸乙酯有机相中，即使用水洗多次也很难彻底洗去溶解在乙酸乙酯中的过氧化氢。可用亚硫酸钠或亚硫酸氢钠等还原性物质的水溶液来处理有机层，通过长时间强力搅拌，将过量的过氧化氢反应完，最后用水润湿的淀粉碘化钾试纸来测试有机层，呈阴性才能确保后面浓缩操作的安全。

（2）案例 2

①工艺：用 PCC 做氧化剂。

②注意事项：PCC 具有吸湿性，有吡啶气味，对眼睛和皮肤具有刺激性及腐蚀作用。一般只适宜小规模反应，中试规模会有潜在风险，收率也不会很高。建议用 TEMPO/NaClO 来替代 PCC，TEMPO（四甲基哌啶-氮氧化物）作为自由基捕获剂，是一种平和而有效的氧化催化剂。该反应必须在较高温度下，将次氯酸钠溶液缓慢或分批加入含有底物和 TEMPO 的反应液中，在每加一部分次氯酸钠溶液前都要确保前面所加的都已经反应完。

三、重氮甲烷及其参与的反应

重氮甲烷（别名叠氮甲烷）自 1894 年发现至今，已有一百

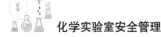

多年的历史。重氮甲烷主要用于羧酸、醇、酚、烯醇及氮硫杂原子的甲基化，特点是没有副产物产生，被认为是甲基化清洁试剂；还可使环酮扩环，生成多一个碳原子的环酮；或在合适条件下生成环氧化物；与酰卤反应生成重要的中间体 α - 重氮酮。此外，由于其特殊的双偶极结构，与不饱和键进行环加成反应时，其产物含氮杂环在热或紫外光作用下生成环丙烷或其衍生物，同时放出氮气。

1. 安全认识

重氮甲烷在室温下为黄色气体，沸点为 -23 ℃，剧毒，刺激性强，且被人体吸入易引起肺病和癌变，极易爆炸，遇粗糙、锋锐的表面都可能发生爆炸，所以使用的玻璃器皿必须是抛光的，不能用磨口插件；遇金属（特别是碱金属）易发生爆炸。遇热易爆，所以在制备重氮甲烷时要用沸点最低的乙醚，便于在尽可能低的温度下随同乙醚一起蒸出来。

2. 安全操作注意事项

①因为重氮甲烷流经玻璃瓶的磨口面有可能发生爆炸，所以制备重氮甲烷要用专门特制的玻璃抛光接插件装置，不允许用普通玻璃仪器来制备重氮甲烷和盛装重氮甲烷。

②重氮甲烷是易爆物，不可撞击和承受高温，或与金属接触，应现制现用；若有剩余，要及时小心淬灭。虽然存放冰箱中可保存两个月，但从安全角度考虑，不值得推广。

③抛光的玻璃接插件口要涂抹油脂。

④水浴温度不超过 70 ℃。

⑤多余的重氮甲烷可用稀乙酸淬灭至黄色消失。反应液中多余的重氮甲烷可用乙酸或很稀的盐酸淬灭，淬灭时做好多层个人防护。

⑥尽量选择在乙醚介质中反应原位生成重氮甲烷，使之直接与底物反应，而不要使用重氮甲烷发生器。这样可以避免因

蒸馏重氮甲烷乙醚溶液等危险操作而发生意外。

3. 实例

①重氮甲烷的制备工艺。

方法 1：将氢氧化钾（18 g，0.0321 mol）溶于水（30 mL），加入抛光蒸馏瓶中，再加入二乙二醇单乙醚（100 mL），同时加入 20～30 mL 乙醚，控制水浴温度为 70 ℃，观察反应装置，等有乙醚流出，说明达到了反应温度。向反应液中滴加 N- 甲基 -N- 亚硝基对甲苯磺酰胺（64.5 g，0.301 mol）溶于乙醚（350 mL）的溶液，重氮甲烷随同乙醚馏出，直到没有液体流出为止，说明反应结束。接收瓶用干冰-丙酮浴冷却，用无水硫酸钠干燥（避免用硫酸钙）产物，大约得重氮甲烷乙醚溶液 0.21 mol，为 70% 收率（有时可高达 80% 收率，为 0.24 mol）。如果手头没有 N- 甲基 -N- 亚硝基对甲苯磺酰胺，也可以用 N- 甲基对甲苯磺酰胺（p-CH_3—C_6H_4—SO_2NHCH_3），经亚硝化制得。

方法 2：用双（N- 甲基 -N- 亚硝基）对苯二甲酰胺与 30% 氢氧化钠溶液反应制取，操作同方法 1。前者可用双（N- 甲基）对苯二甲酰胺（p-CH_3NHCO—C_6H_4—$CONHCH_3$），经亚硝化制得。

上述两种方法涉及强致癌的亚硝胺中间体，这些中间体需要自制且不稳定难以保存，并且原料相对分子质量较大，制备重氮甲烷的效率不高。

方法 3：在相转移催化剂存在的强碱性环境下用三氯甲烷与水合肼反应制取。在 250 mL 抛光三口瓶（专用）中加入 15 mL 三氯甲烷、8 mL 乙醚及 10 mL、50% 的氢氧化钠，并加入苄基三乙基氯化铵（或者其他相转移催化剂），于 50～60 ℃水浴中回流，在不断搅拌下滴加 85% 的水合肼 10 mL，约 0.5 h 加完，继续回流 4 h 后，将反应液冷却，静置，用分液漏斗分去水层，得黄色重氮甲烷乙醚液，产率可达到 67%。

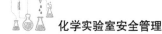

②注意事项：鉴于重氮甲烷的多重危险性，具有作为甲基化剂、重排扩环等多用途的三甲基硅烷化重氮甲烷正己烷溶液（如 2 mol/L）或乙醚溶液，与重氮甲烷比较，相对不易爆炸，但是仍然有毒。当三甲基硅烷化重氮甲烷被用于转化羧酸为相应甲酯时，它会经由甲醇解反应在进程中产生重氮甲烷。反应结束后，一般可用稀酸（盐酸或乙酸）将多余的重氮甲烷淬灭。当人体吸入三甲基硅烷化重氮甲烷时，其会与肺部表面的水汽发生相似的反应。所以吸入三甲基硅烷化重氮甲烷可能也会导致与吸入重氮甲烷类似的症状（如肺水肿），这使得三甲基硅烷化重氮甲烷吸入后有潜在的致命性。重氮甲烷被广泛用作有机合成中的甲基化剂。

四、硝化反应及硝基化合物参与的反应

硝化反应是向有机化合物分子中引入硝基（$—NO_2$）的反应过程。硝化反应的机制主要分为两种，对于脂肪族化合物的硝化一般是通过自由基历程来实现的，其反应历程比较复杂，在不同体系中也会不同，很难有可以总结的共性。而对于应用最多的芳香族化合物来说，其反应历程基本相同，是典型的亲电取代反应，反应动力学属于二级反应。

1. 安全认识

①反应放热的多少是决定危险发生的可能性和危险的严重程度的第一个主要因素。硝化反应放热焓变大，为强放热反应。42 种硝化反应的量热数据表明，其平均反应热为 145 kJ/mol，其中大多数硝化反应的反应热为（-145 ± 70）kJ/mol，绝大多数反应热超过 600 J/g，且反应非常剧烈，极易失控造成冲料或爆炸事故。

②反应动力学表明反应放热的快慢，是决定危险发生的可

能性和危险的严重程度的第二个主要因素。本征反应动力学为二级反应，反应速率取决于反应底物和硝化剂：$r=k_1$[芳香化合物][NO_2]=k_2[芳香化合物][HNO_3]并与分子活度（电子云密度）、介质温度、浓度、碰撞频率、酸的活度、杂质等因素相关。多数硝化反应属于非均相（有机相和水相），影响反应的因素很多，如搅拌、热交换等。硝化反应的难易主要取决于芳香环中的电子贫富状况，推电子的基团导致环上富电，吸电子的基团导致环上贫电（缺电子体系），前者容易发生亲电取代反应，后者则较难，需要苛刻条件，如高浓度硝酸(发烟硝酸)或混酸(浓硝酸和浓硫酸)。

③产物存在硝基，本质上不稳定，硝基越多越不稳定。硝基属于对热敏感的爆炸基团，反应时的过热可能导致产物分解，加剧发生爆炸的可能性。特别是硝化反应失控时，温度上升，硝化反应速率陡增更加推高温度，继而发生产物的分解爆炸的恶性后果。有机硝化物的分解热非常高，一般大于1000 J/g，在近似绝热条件下（反应介质瞬间隔热）温度急剧升高，分解反应的热加速过程显著。而且，分解过程有自催化现象。失控后，多重能量集聚，从而导致爆炸。

④统计过56种硝基化合物的分解焓值的分布，大多数的分解焓都在 $-360 \sim -240$ kJ/mol。产物的硝基越多，热稳定性越差，分解焓绝对值越大。

⑤高浓度硝酸或混酸（浓硝酸和浓硫酸）有强氧化性、腐蚀性和不稳定性。

2. 安全操作注意事项

①硝化反应的主要危险性在于该类反应的反应热大，大多超过600 J/g，需要将不断生成的反应热及时移出，不能积蓄反应潜热。可在较高温度下通过控制滴加硝化剂的速度来控制反应温度，需配备良好冷却措施。

②反应不能密闭，以防冲料或爆炸，可用干燥管。仅在小剂量反应时可慎用气球（缓冲防爆）。

③产物不可用烘烤方法干燥，可用真空常温干燥。产物不要接触金属，避免因高温、明火、摩擦、撞击及光照等引起的火灾爆炸事故。

3. 实例

氯化铵＋铁粉还原硝基的反应案例：

①工艺：氯化铵＋铁粉还原硝基的反应。

方法1：将底物溶解在80%的乙醇中，在搅拌下将全量的铁粉加入，升温至70℃，逐份滴加20%的氯化铵水溶液（每份为总量的1/20～1/10），应该有升温，如果不升温，再提高5～10℃后加下一份20%的氯化铵水溶液。注意不要蓄积反应潜热，以防冲料。

方法2：将底物溶解在80%的乙醇中，在搅拌下将全量的20%的氯化铵水溶液加入，升温至70℃，逐份添加铁粉（每份为总量的1/20～1/10），应该有升温，每加1次，升温2～3℃，反应平息后再继续加；如果不升温，适当提高5～10℃再加下一份的铁粉，注意不要蓄积反应潜热，以防冲料。

②注意事项：这是一个放热反应，开始有一个触发的起始过程，容易造成假象而将铁粉或氯化铵1次加完，这样会造成反应潜热蓄积，一旦触发开始，就会发生冲料，甚至起火。

五、金属有机化合物及其参与的反应

金属有机化合物是一类应用非常广泛的试剂。金属有机化合物又称有机金属化合物，是指烃基（烷基和芳香基）碳元素与锂、钠、镁、钙、锌、镉、汞、铍、铝、锡、铅等金属原子结合形成的化合物，是至少含有一个金属—碳（σ或π）键的化合物，如丁基锂、苯基锂、格氏试剂（有机镁）、二乙基锌、烃基锡等。烷氧基、巯基与金属的化合物（RDM、RSM）及碳酸盐等不称为金属有机化合物，有些化合物虽然含有金属—碳键，如 NaCN 等，其属于典型的无机化合物，不是金属有机化合物。

1. 安全认识

（1）易燃性

几乎所有的金属有机化合物都具有遇湿、遇空气易燃的危险特性。所以，它们在制备时就直接被稀释在惰性介质中，以降低自身的燃烧危险性，如乙醚、四氢呋喃和二甲硫醚等醚类，以及甲苯、己烷等。一些常用的金属有机化合物都有商品供应，都被稀释在密闭的液态惰性介质中。另外，它们大多数遇纸、木头、织物和橡皮也会起火燃烧。

（2）有毒性

例如，有机锡（以三烃基锡毒性最大，如三苯基锡、三丁基锡等）对人类有直接和间接的毒害作用。通过呼吸道吸收、皮肤和消化道吸收等途径产生直接毒害；间接毒害是由有机锡污染大气、土壤、水源等环境资源，以及海洋水生动植物，继而通过食物链危害人体健康。

2. 安全操作注意事项

①无论是使用自己制备的试剂还是市售的产品，取样时都要严格避潮（水汽）、避空气。少量（低于 100 mL）可用注射器抽取；量大取样，需要采用双针头转移方法或专门装置的分装方法。

②金属有机化合物在抽样投料时要用氮气保护，并远离水源。台面要保持干燥、清洁，干冰浴的锅上冷凝的霜水可用小的灭火毯或干抹布盖好。反应自始至终都要通入惰性气流。在完成滴加后，要将滴液漏斗末端的残留液全部滴入反应液中，防止在拿出的过程中，末端的残留液滴在反应瓶的外面而引起

燃烧事故。

③将金属有机化合物在惰性气体环境中用与反应相同的溶剂（非活性氢）进行稀释，然后将其缓慢加入搅拌下的底物溶液中进行反应，顺序不能颠倒。

④反应结束后，要在避水、避氧的状态下淬灭反应液中多余的金属有机化合物。可按照它们不同的特性及产物和反应液的特性，酌情使用饱和盐水（如氯化铵）等方法进行安全淬火。为了方便起见，一般可直接将淬灭溶液缓慢滴加到搅拌下的反应液中。如果所剩金属有机化合物不多，也可以直接将反应液缓慢倒入搅拌下的淬灭溶液中，此时需密切关注温度变化。

3. 实例

叔丁基锂的取用实例：

①操作：实验室用注射器抽取叔丁基锂（液体试剂，遇空气即燃）时，活塞不慎滑出针筒，叔丁基锂与空气接触后立即发生爆炸起火。遇水和其他质子溶剂时会发生剧烈反应。

②注意事项：暴露于空气或湿气时易着火；一旦着火，应用干粉灭火器扑灭，千万不可使用含水或氯代烷烃的灭火器。操作应在无水条件下进行。

六、金属钠、钾、锂及其参与的反应

钠、钾、锂是一类化学反应活性很高的碱金属，它们的化学活泼性：钾＞钠＞锂，在有机合成实验室里，这些单质碱金属多用于还原反应、制备醇钠、醇钾，以及其他一些相关反应。

1. 安全认识

钠、钾、锂都很活泼，都需隔绝空气避水储存，钠和钾一般浸没于煤油或液状石蜡等惰性液体环境中。不能用钠、钾来干燥卤代试剂，因为在钠、钾的存在条件下，卤代试剂会发生伴随剧烈放热的自身偶联反应。金属钠、钾、锂引起的火灾，不能用水或泡沫灭火剂扑灭，而要用碳酸钠干粉灭火器。

2. 安全操作注意事项

①钠、钾的取、切等操作要远离水源，操作台面等周围环境要保持干燥。

②不要切得很小、很薄，根据反应剧烈程度，建议切割的每条重 2～5 g。开始放热较多，要密切注意反应液的升温情况，酌情考虑如何及时冷却。若用水浴冷却，在水浴上沿用灭火毯盖住，以免这类金属掉入水中起火。后期看情况可能要适当升温，钠块、钾块才能溶解。

③擦拭金属钠、钾的滤纸可用无水乙醇淬灭，不能直接扔入垃圾桶。

④500 mL 以上的反应最好用机械搅拌，注意冷凝器的上出口要远离机械搅拌的电机，否则反应时溢出的氢气遇上电机的电火花会发生燃烧或爆炸。可通过增加管道长度，将出口引开，使出口远离电机。

3. 实例

金属钠与乙醇的反应案例：

①工艺：将 1 L 工业乙醇倒入放在水槽中的塑料盆中，然后将金属钠片用剪刀剪成小块，放入盆中。开始时反应较慢，不久盆内温度升高，反应激烈。即拉下通风柜，把剪刀随手放在水槽边。这时水槽边的废溶剂桶外壳突然着火，并迅速引燃了水槽中的乙醇。当事人立刻将燃烧的废溶剂桶拿到走廊，同时用灭火器扑救水槽中燃烧的乙醇。此时走廊上火势也逐渐扩大，直至引燃了四扇门框。事故原因是反应时放出氢气和大量的热量，氢气被点燃并引燃了旁边的废溶剂造成事故。

②注意事项：处理金属钠时必须清理周围易燃物品；一次

处理量不宜过多；注意通风效果，及时排除氢气；或与安全部门联系，在空旷的地方处理。

七、可能生成危险性产物（副产物）的反应

不仅要关注主反应和主产物，还要判断在反应过程或后处理过程中是否会生成富含能量或有毒的副产物，富含能量的副产物往往带有爆炸基团，新的有毒物往往不为人知，由此会产生意想不到的安全隐患，稍不注意，往往会发生爆炸事件或中毒伤人事故，已经有很多案例和教训。

某些富含能量或有毒的副产物有其独特的形成机制，需要仔细判断，要求从各反应物之间、反应物与溶剂之间、反应物与生成物之间、生成物与溶剂之间的相互关系上，以及反应条件（温度、压力、操作程序、反应内在环境如酸碱度等、反应液面上空环境）上进行系统分析和评估。

1. 可能生成爆炸性产物（副产物）的反应

（1）案例1

①工艺：将反应底物 A（150.00 g，832.59 mmol）溶于二甲亚砜（1.30 L）和硝基甲烷（445.20 g，7.29 mol）的混合溶液中，加入硫酸钙（56.67 g，416.30 mmol），接着加入含甲醇钠（112.44 g，2.08 mol）的甲醇（930.00 mL）溶液，得到的黄色悬浊液在 25 ℃下搅拌 4 h。

②注意事项：这是一个硝基甲烷在碱性条件下与醛基的亲核加成反应。然而，硝基甲烷在强碱性条件下，自身可能会生成爆炸性极强的含能硝基乙醛肟，因此在放大前，要验证是否有硝基乙醛肟生成；若有生成，在萃取时，是伴随在产物中，还是在母液里，要做安全评估。

（2）案例2

①工艺：往30 L的反应瓶中加入二甲亚砜（6.6 L），然后分批加入氢化钠（229 g，60%，573 mol），加料完毕，将反应液在30 ℃下搅拌10 min，然后逐滴加入含丙二酸二乙酯（1090 g，6.81 mol）的二甲亚砜（500 mL）溶液。

②注意事项：用DMSO或DMF做溶剂，在NaH强碱作用下，理论上DMSO或DMF有发生自身缩合反应、剧烈放热而爆炸的可能性。建议改换其他安全可靠的溶剂。

（3）案例3

①工艺：将1200 g底物A溶于15 L甲醇中，加272 g NaOH（6.90 mol），常温常压下搅拌反应5 h，蒸干甲醇，水洗，用乙酸乙酯提取，再蒸干得B。

②注意事项：a.此类反应在后处理旋蒸时曾发生过严重爆炸；b.反应结束后直接加水，用酸中和多余的NaOH，调节pH至7.0，然后在较低温度下旋掉绝大部分甲醇，再用乙酸乙酯提取。旋蒸乙酸乙酯提取液，要分批少量在较低温度（低于35 ℃）下进行，至少分6批，并严密做好个人防护；c.旋蒸后取样时，不能接触金属，也要严密做好个人防护；d.产物除了原有的对热敏感的硝基外，还产生易开环聚合放热的环氧乙基，不能在烘箱里烘干，也不能接触金属，建议用真空低温干燥，最好以溶液的状态接着往下做。

（4）案例4

①工艺：控制温度低于30 ℃，将过硫酸氢钾复合盐（Oxone）的水溶液逐滴加入化合物A的丙酮溶液中。滴加完毕，将反应混合液在30 ℃下搅拌2 h。非常小心地逐滴加入10%的亚硫酸钠水溶液，直至淀粉碘化钾试纸呈阴性。然后分离有机相，并用水、饱和食盐水洗涤。

②注意事项：过硫酸氢钾复合盐易溶解于水，由过硫酸氢钾、硫酸氢钾和硫酸钾组成（$KHSO_5 \cdot 0.5KHSO_4 \cdot 0.5K_2SO_4$），

其氧化功能来自于该酸的化学性质，本身比较稳定，是使用方便的酸性氧化剂。然而，过硫酸氢钾复合盐除了氧化反应底物硫醚为砜外，还会氧化反应溶剂丙酮，使之生成具有爆炸性的过氧丙酮。建议采用 CH_2Cl_2，$CHCl_3$ 或其他合适溶剂更稳妥；即使这样，反应结束后也要用 10% 的 Na_2SO_3 溶液将多余的过硫酸氢钾复合盐彻底淬灭掉才更安全。

（5）案例5

①工艺：丙烯酸甲酯与 H_2/CO 混合气体在 55 ～ 65 ℃的高压（约合 6.9 MPa）催化条件下进行插羰基做醛的反应。

②注意事项：丙烯酸甲酯在加热情况下可能发生放热聚合反应，密闭情况下风险很大，可加合适阻聚剂。

（6）案例6

①工艺：将反应瓶放在铝浴内，加入 $AlCl_3$，升温到大约 260 ℃时将底物分批加入反应器中。反应 2 h 后自然冷却，后处理时将固体反应物捣碎，分批加入水中。

②注意事项：高温下需要注意 $AlCl_3$ 升华，其会凝聚在瓶子上部，可能会因造成堵塞而发生危险。本身的反应会大量放热，加底物会推动温度的快速上升，加上又在高温下进行，危险性极大。另外，一定要用机械搅拌，这样才能充分搅拌起来。

2. 可能生成有毒有害产物（副产物）的反应

（1）案例1

①工艺：将甲醇钠（1 mol/L，5 mmol）加入含化合物 A（5.30 g，50 mmol）的甲醇（100 mL）溶液中。

②注意事项：反应中有 HCN 和 NaCN 生成，要搭好尾气吸收装置，保证尾气能被次氯酸钠充分吸收，并在负压的通风橱内完成所有操作，充分做好防护措施。

（2）案例2

①工艺：将化合物 A（28 g，0.16 mol）溶于四氢呋喃（500 mL）

中，然后在 55～60 ℃下分批加入五硫化二磷（28 g，0.13 mol）。将反应混合液加热至回流，直至化合物 A 完全反应。过滤反应液，将滤液旋干得到粗产品 B，粗产品 B 直接用于下一步反应。

②注意事项：五硫化二磷（P_2S_5 或 P_4S_{10}）作为硫化试剂，能将醇、羰基中的氧转变为相应的硫代化合物。虽然是黄绿色结晶固体（熔点 276 ℃），但是遇空气中的水汽易分解成有恶臭气味的 H_2S，需要在负压强大的通风橱内操作，并做尾气吸收，吸收液用 2 mol/L 的氢氧化钠溶液或次氯酸钠溶液。后处理的溶液也要用氢氧化钠或次氯酸钠溶液做彻底淬灭处理。

（3）案例 3

①工艺：将上述化合物在甲苯中进行加热回流反应，检测终点，用 4 L 含有 400 mL 甲醇的饱和 $NaHCO_3$ 水溶液淬灭，用 DCM 2 L 的萃取 3 次。有机层用水洗，用无水 Na_2SO_4 干燥，浓缩得到产物。

②注意事项：产物属于异腈，有强烈恶臭，令人恶心，要注意个体防护。所有器皿都要在通风橱内用盐酸、次氯酸钠或过氧化氢做淬灭处理。用 $NaHCO_3$ 水溶液淬灭会有大量二氧化碳生成，注意防止因气泡带出液体而溢料。

（4）案例 4

①工艺：在 -40 ℃，氮气保护下，将化合物 A（2.5 g，19.5 mmol）的无水乙醚（15 mL）溶液加入三光气（1.94 g，6.5 mmol）的无水乙醚（25 mL）溶液中，随后逐滴加入吡啶（1.65 mL，19.5 mmol）。将反应混合液升至室温（28～30 ℃），然后搅拌 5 h。反应混合液用硅藻土过滤，室温下减压浓缩滤液，得到粗产品 B。

②注意事项：产物异氰酸酯有特殊刺激性气味，而且分子量小，易挥发，要严格做好个人防护。

3. 可能生成腐蚀性、刺激性产物（副产物）的反应

（1）案例 1

①工艺：在 0 ℃下往 B 中分批加入 A。加完后，将反应液在 110 ℃下搅拌过夜。反应液冷却至 25 ℃后倒入 100 mL 的冰水中。过滤得到白色沉淀，然后水洗，随后进行真空干燥。

②注意事项：该反应有 HCl 气体生成，反应的化学方程式为：

$$ArH+2HSO_3Cl \Longrightarrow ArSO_2Cl+H_2SO_4+HCl \uparrow 。$$

计算好反应底物的物质的量，就能推算出有多少摩尔的 HCl 气体生成，这个反应不能用气球封闭（一般超过 4 L 就会胀破），要将生成的腐蚀性气体及时导出去，而且要有尾气吸收装置，用碱性溶液吸收，尾气吸收装置中间还要搭建一个缓冲安全瓶。后处理时，应将冷却后的反应液缓慢倒入搅拌下的冰水里，过程中会大量放热，注意冷却，避免溢出冲料。

（2）案例 2

①工艺：在 0 ℃下，将三溴化磷加入溶有化合物 A 的乙醚溶液中。反应混合液在室温下搅拌过夜。反应完成后，冷却至 0 ℃，用碳酸氢钠水溶液淬灭。混合液用乙醚萃取 2 次。合并后的有机相用饱和食盐水洗，无水硫酸钠干燥，然后浓缩，得到无色油状产物 B。

②注意事项：a.反应放出大量热，乙醚的热容量很小，如果反应量放大，容易冲料。最好选择异丙醚、甲基四氢呋喃等合适溶剂；b.产物具有强烈催泪性，还可能有致敏性，需要做好个人防护；c.用 $NaHCO_3$ 淬灭，注意有大量 CO_2 气体生成而可能导致冲料溢出。

编者：周晓伟、顾金凤

第四章 实验员安全常识

化学实验室和安全相关的要素无外乎人、物（化学品）、法（操作、工艺）、机（设备）、环（周边环境）等。

人是第一要素，科研人员能秉持 ABC（Always be care，永远谨慎）的心态、有足够的专业知识积累和实验技巧，那么基本上可以规避大多数的安全问题。研究人员在实验前熟知所用试剂的 MSDS（Material safety data sheet，《化学品安全技术说明书》），以及相关试剂间禁忌关系及实验程序，同样是保障实验室安全的重要因素。

科研人员始终是化学实验室的灵魂，在各项实验室工作中占主导地位。实验室安全的长治久安和科研人员的安全意识是密不可分的（如图 4-1 所示为化学实验室安全歌）。

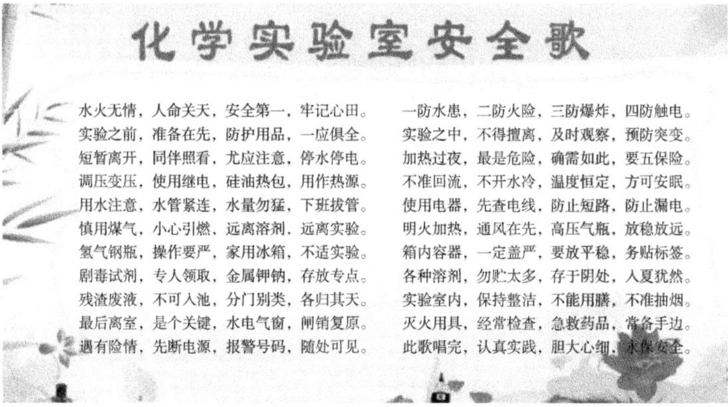

图4-1 化学实验室安全歌

除了对化学的科学研究或工艺开发的敬畏，安全教育、科研工艺设计的安全评估、实验前原料（试剂）、设备、操作、环境等再次安全评估，以及发生安全事故的深入调查和团队学习吸取教训等环节，是切实保证实验室安全和提高科研团队安全意识的重要工具。

一、安全教育

安全教育分为以下几个方面：一是国家、地方和行业相关法律法规和行规等的学习，法律法规是依据国家的法律、政策，以及国内国外科研、生产所发生的事故撰写的，是行业必须执行的而且内涵十分丰富；二是具体研发时反应、过程的性质，如放热、放热量、产气、毒、腐、环境等，只有明白原理，才能实现"本质安全"；三是从人文科学（心理学、行为学）来研究科研人员的安全心理，来保证实验室安全，如基于安全的行为管理等。

①国家、地方和行业相关法律法规和行规学习贯彻国家的安全意志和公司的承诺；

②专业知识的学习保证工艺的"本质安全"和有效的防护；

③通过人文科学的研究、培训，使科研人员"习惯成自然"，避免因情绪等意外因素造成不可预测的安全隐患。

二、合成路线的设计和反应危险性的判断

制备一种化合物一般有多种合成路线或方法，合理设计合成路线在有机合成中是极其重要的，它反映了一个有机合成研发人员的基本功、知识的丰富性、头脑的灵活性和安全责任感，代表了一个有机合成人员的合成水平和素质。采用合理的合成路线能够便捷安全地得到目标化合物，而采用笨

拙的合成路线虽然最终也能得到目标化合物，但是付出的代价不仅仅是时间的浪费、项目的延误和合成成本的提高，更重要的是可能增加潜在的安全隐患，甚至引发事故，造成各种损失和伤害。

1. 合成路线的设计目的与原则

合成一种有机化合物常常可以有多种路线，可用不同的原料，通过不同的反应和途径，获得所需要的目标化合物。不同的目的就有不同的思路，不同的思路就有不同的设计原则，不同的设计原则就有不同的合成路线，不同的合成路线就有不同的安全隐患。

2. 以发表论文为目的时的安全问题

（1）作为论文目标物的中间体或原料

如果合成的化合物是离论文目标物很远的中间体或起始原料，就不是论文工作的重点，不能花费很长时间或很多精力去进行文献方法的仔细比对和详细摸索，所以利用手头现有原材料进行设计，以最简便的方法合成出来就行。但是这种思路往往会因不顾代价、赶时间等产生一些安全隐患。

（2）作为论文目标物

如果合成的化合物是作为论文目标物，除了注重商业价值的论文外，大多学术性论文的重点不一定注重实用性和安全性，而主要是创造性、新颖性、时效性。此"三性"体现在合成路线的设计上，就是为了表达新的思想，所用的合成路线应该是新颖的，反应条件是创新的，方法是与众不同、别具一格的。这时考虑的主要问题大多不是合成成本的问题，甚至也不一定考虑太多安全问题。这时也往往会因不惜代价、一味追求狭义目标而产生一些安全隐患问题。论文的发表是一些论文作者的主要目的，至于安全问题一般不会考虑太多，也不会在论文中做详细描述，甚至根本就不加注释，所以这样的论文发表后，给后人作为文献来参考，就会留下很多安全隐患，甚至误导，许多研发人员为此吃过亏。

另外，新药研发初期的合成路线的设计与实践，虽然不一定是按照发表论文的程序去做，但多数是为了快捷赶时间去合成大量目标化合物，从而常常忽视一些安全问题。

3. 合成工艺的摸索和改进

纯粹合成工艺的摸索和改进大多具有商业性质，涉及实用性，要讲究成本、简便性和安全性。合成路线的设计与选择应该是以最低成本、最简单、最安全地得到目标化合物为原则，即如果目标化合物是以工业生产为目的，则选择的合成路线应该以最低的合成成本和安全可靠为原则。一般情况下，简短的合成路线，反应总收率较高，因而合成成本最低；而长的合成路线，反应总收率较低，合成成本较高。但是，在有些情况下，较长的合成路线由于每步反应都有较高的收率，且所用的试剂较便宜，因而合成成本反而较低，而较短的合成路线由于每步反应收率较低，所用试剂价格较高，合成成本反而较高。所以，如果以工业生产为目的，则合成路线的设计与选择应该以计算出的和实际结果得到的合成成本最低，而且安全可靠为基本原则。

4. 合成路线的设计和选择原则

合成路线的设计和选择原则包括以下几个方面。

①原料的选择原则：廉价易得；危险性低，尽量避免使用易燃、易爆有毒物品；使用环保型原材料，避开强酸强碱高污染物品，选用绿色环保型、原子经济性（原子利用率高）的试剂或原料。

②工艺要简单：步骤少，路线简捷，避免过繁过长；操作简单，避免复杂化；易于分离，产率较高；反应与后处理最好

在常温常压下进行，避免高温、高压、高真空或过低温度，极端苛刻要求会导致高投入，而且危险性大等一系列问题。

③成本要低、收率与质量要高：低成本、高收率和优质是最终目的，但是三者都必须建立在安全的基础上，不能忽视事故成本。

④安全要贯彻于整个设计原则中：总之，原料的选择、工艺的确定、收率与成本的权衡、安全评估等都与合成路线的设计与优化有关。在合成路线的设计与优化过程中，始终坚持把安全放在首位是非常重要的，不能等出了事故再去考虑如何重新设计路线。

三、反应危险性的定性评估

反应危险性的定性评估是指，从反应的化学性及化学过程、物理性及物理过程、所涉及的仪器设备和环境等方面进行综合评估。

①首先要评估反应所用底物、试剂、反应中间体、反应产物及溶剂和催化剂等辅助剂的各种危险性，以及它们之间相互作用后可能产生的危险性。例如，是否有易燃、易爆危险性，是否有毒害性，是否有腐蚀性，是否有刺激性，是否有致敏性等。

不但要从化合物整体结构特征上分析其危险性，更主要的是要从有机化合物所属官能团结构上分析其危险性，因为绝大多数有机化合物的活性官能团决定其化学性能和物理性能，这是化学的基本规律。通过活性官能团的类别及其所属位置可以定性判断是否存在聚合、分解等剧烈副反应；是否有爆炸性、毒害性、腐蚀性、刺激性和致敏性；是否有气体产生等情况。这些问题，在一般的文献资料中是不会详细介绍的，即使普遍认为可靠的如 ACS（American chemical society）、OS 等主流

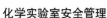
文献资料，也会因撰写人的知识水平所限、科学技术的变迁与进步、所做的调查与实践等条件所限，遗漏一些真正的危险警示描述，所以这些资料都只能做参考，不能盲目相信、盲目照搬。

②评估反应开始、反应进行中、反应结束和反应后处理等环节的热量变化，是否存在反应速率与反应温度密切相关的温度临界值等危险因素，必要时可借助量热仪，如 DSC 等进行反应热测定。

③评估反应的安全容纳量、安全空间是否足够。如果是回流反应或产生气体的化学反应，投料过多，则容易造成冲料导致实验失败，甚至安全事故。

④评估反应条件是否苛刻，能否以更温和的方式进行，化险为夷。如果是引发后剧烈放热或大量生成气体的反应，就要采用少量投料现行引发，再逐步加料的工艺，使反应在可控、温和状态下进行。

⑤评估该反应中的各种危险性对仪器设备的要求，能否变通替换，转危为安。

⑥评估反应规模大小与危险性的关系。

⑦评估能否改换其他更安全的原料、合成工艺、操作和仪器设施。

⑧评估其他可能存在的危险性。

四、化学实验过程综合评估

基于化学实验室基本上是人工操作的现状，其不安全的因素比化工厂多。

安全隐患是指研发过程中危险化学品的泄露和能量的不当释放造成的人员伤害和财产损失；据统计，其原因主要为人为因素：操作方案设计不合理或操作失当；设备仪器因素：玻璃设备破损、控制仪器（温度、流量及转动等）失控及环境因素等。

为了防患于未然，借鉴化工产业的安全管理理论和手段（HAZOP、PSSR 等），根据实验室的具体情况，设计了化学实验室实验安全评估的定性方法，涵盖了人、机、物、法、环等基本要素，以 MSDS、化学试剂禁忌表、实验操作方案为基础，进行过程危害辨识，对科研实验的危险性进行评估，从而提高科学实验的安全性。

实践证明，定性安全评估提高了科研人员的安全意识、明确了实验过程中安全隐患，大幅降低了实验过程中的职业伤害和工艺伤害的可能性，提高了实验的成功率。

五、科研人员的个人安全防护

安全、健康、环保地在化学实验室从事科研工作是国家法律法规的要求，也是科研人员的承诺和责任。化工行业安全管理的风险控制同样适用于化学实验室的安全管理。最后一道防线就是个人防护（图 4-2）。在试验工作中通过穿戴合适的个人防护用品（Personal protective equipment，PPE）来进一步控制安全方面风险。

国家安全生产监督管理总局于 2013 年发布了 AQ/T 3048—2013，《中华人民共和国安全生产行业标准　化工企业劳动防护用品选用及设备》规定了化工企业劳动防护用品、基本配备及使用和报废的管理，适用于化工企业及其从业人员劳动防护用品的选用和配备。规定了 PPE 的选用程序（图 4-3）。

图 4-2　选择风险控制措施的优先顺序

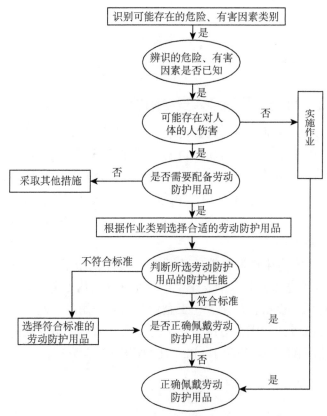

图 4-3　PPE 的选用程序

PPE是指劳动者在工作中为避免或减轻化学、物理等有害因素伤害而穿戴的各种防护用品或设备。PPE是避免或减轻危害的最有效的途径，是免受伤害的最后一道防线，是工作场合安全风险的最后控制手段。

按照国家相关规定，化学实验室至少应该配备以下安全防护设备（图4-4）。

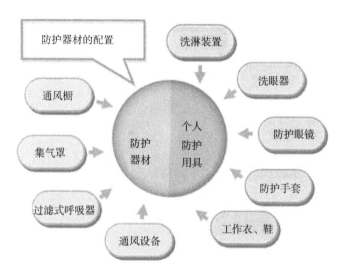

图4-4 化学实验室应配备的安全防护设备

1. PPE

AQ/T 3048—2013规定PPE共分为8类（49个品规），包括全部身体部位和各种工况下的防护用品（图4-5）。

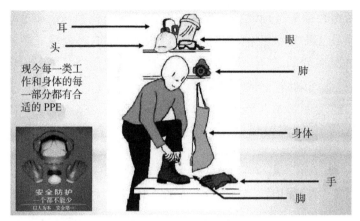

图4-5　PPE的种类

①头部防护（3）；

②呼吸器官防护（4）；

③眼面部防护（6）；

④听觉器官防护（2）；

⑤手部防护（9）；

⑥躯干防护（12）；

⑦足部防护（11）；

⑧坠落防护（2）。

2. 作业类型的划分和PPE的选用

AQ/T 3048—2013还规定了化工行业作业类型的划分和PPE的选用（图4-6）。共25种作业类型、对应的PPE及举例。在化学实验室采用哪些PPE要根据具体工况决定，典型的工况如下：

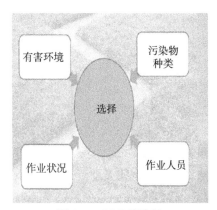

图4-6　PPE 的选择

①易燃、易爆场所作业；

②有毒、有害气体作业；

③沾染液态毒物作业；

④涉固态毒物作业；

⑤粉尘作业；

⑥腐蚀性作业；

⑦高温作业；

⑧人工搬运作业。

3. PPE 对科研人员的重要性

工作是为了生活更美好，对于化工科研工作者而言，PPE 是科研过程中的安全保护伞。健康、安全地工作、生活是科研人员对社会、企业、家庭的承诺和责任。

化学实验室从一定意义上讲是小型化的化工厂，具有接触化学品种类多、使用实验物量少，基本手工操作，操作个性化强，安全监督弱，设备简陋、不坚固，安全防护薄弱（相对于有安全联锁自动化控制的大化工）等特点，其安全隐患较多；在这种本质不安全的环境下，通过有针对性地穿戴合适的 PPE

来保证安全十分必要。

4. 实验室用 PPE 举例

（1）眼部、面部 PPE

在化学实验室工作，眼部、面部有可能受到化学品伤害（固体、液体、气体的腐蚀性、酸性等）、物理伤害（高压气体、飞溅的玻璃碎片等）、光伤害（UV 等）等。对应的 PPE 有安全防护眼镜和防护面罩等，如图 4-7 所示为一般用安全眼镜。其防护作用为防冲击、防灰尘、防飞屑、防飞溅等；其适用范围为一般场合及化学品处理。

a 普通型　　　　　b 带侧护边型　　　　c 护目镜

图 4-7　一般用安全眼镜

（2）呼吸器官 PPE

化学品通过口腔、呼吸道进入人体而造成伤害的事故时有发生，有时会引起致命的伤害。

呼吸器官 PPE 有防尘口罩、防毒面罩和过滤式防毒面具三类，不同类型的化学品有对应的 PPE（图 4-8）。过滤式的 PPE 应在医生的建议下佩戴；若肺活量不足，佩戴时会引起不适。

a 防尘口罩　　　　b 防毒面罩　　　　c 过滤式防毒面具

图 4-8　自吸过滤式呼吸防护用品

（3）手部 PPE

据统计，化学实验室工作中，手部尤其是手指是科研人员受伤率最高的部位。手部 PPE 就是各类手套，用来防止化学、物理（腐蚀、过敏、刺伤、冻伤、烫伤等）、电等因素对手部的伤害。

每一类化学品，都有对应的手套来做防护；操作时选择不合适的手套造成的后果可能比没有都要严重。正确的选择、使用手部 PPE 是预防手部伤害的重要手段。PPE 的类别和作用。

①一次性手套：用于对手指触感要求高的工作，如清洁工作；材质可以使用乳胶、丁腈橡胶或 PVC。

②化学保护手套：防止化学渗透；材质有乳胶、PVC、丁腈、丁基合成橡胶、氯丁橡胶等，其中丁腈手套较为多用。

③防磨、防刺穿、防切割手套：用于搬运或处理尖锐、易碎物品；用针织布、皮革或针织-胶复合材料制成。

④隔热手套：防止烫伤、冻伤；材质为厚皮革、复合(涂层)材料、玻璃棉等。另外，表 4-1 给出了各类材质手套的防化性能评价。

表 4-1　各类材质手套防化性能评价

化学物及外界条件	橡胶	丁基合成橡胶	氯丁橡胶	PVC	PVA	丁腈
无机酸	好	好	优秀	好	差	优秀
有机酸	优秀	优秀	优秀	优秀	优秀	—
腐蚀物质	优秀	优秀	优秀	好	差	好
醇类（甲醇）	优秀	优秀	优秀	优秀	一般	优秀
芳香族（甲苯）	差	一般	一般	差	优秀	差

续表

化学物及外界条件	橡胶	丁基合成橡胶	氯丁橡胶	PVC	PVA	丁腈
石油馏出物	优秀	一般	优秀	差	优秀	优秀
酮类	一般	优秀	好	不推荐	一般	一般
油漆稀释剂	一般	一般	不推荐	一般	优秀	一般
苯	不推荐	不推荐	不合适	不推荐	优秀	一般
甲醛	优秀	优秀	优秀	优秀	差	一般
乙酸乙酯	一般	好	好	差	一般	一般
脂肪	差	好	优秀	好	优秀	优秀
苯酚	一般	好	优秀	好	差	不推荐
磨损	—	好	一般	好	好	优秀
刺	优秀	好	优秀	一般	优秀	优秀
热	优秀	差	优秀	差	一般	一般
抓握（干）	优秀	一般	好	优秀	优秀	好
抓握（湿）	好	一般	一般	优秀	优秀	一般

编者：郭建国

第五章　管理制度和操作记录

化学实验室中各种潜在的不安全因素变异性大，危害种类繁多。一旦发生实验室安全事故，将会造成人员伤亡、仪器设备损毁、实验停滞，使伤者的家庭及国家、社会蒙受重大损失，甚至还可能连带发生其他刑事或民事官司或赔偿。

随着社会的进步，人们逐渐认识到人的生命是无价的，是人的不同需求中最为基本而又最为重要的一个需求。实验室安全工作的目的就是要建立一个安全的教学和科研环境，降低实验过程中发生灾害的风险，确保实验人员的健康及安全，从而满足人身安全的基本需要。

无论从实验室的使用功能，还是从实验室的自身发展来看，我们都应该强调把实验室的安全防范作为实验室管理的基础。"隐患险于明火，防范胜于救灾，责任重于泰山"。做好实验室安全管理就要做到合规化、制度化和可视化。

一、化学实验室安全管理

实验室现场安全管理是安全管理的重要组成部分，忽视现场安全管理常会导致一些安全事故。

实验室现场是各种生产或研发活动诸要素的集合，是企业各项管理功能的"聚焦点"。现场管理是对现场各种要素的管理和对各项管理功能的验证，是贯彻执行相关 SOP（Standard operating procedure，标准操作程序），促使各项事物的合规化，包括人、机、料、法、环的合规管理等。

现场安全管理的主要内容就是通过查找安全隐患，使各项管理功能有序规范化，包括物受控有序规范化、人的操作与各种行为有序规范化、人体健康环境与生产环境有序规范化。只有各要素有序规范化才能减少管理差错，防止人为失误，降低事故率，使各项工作流畅；才能极大地提高工作效率，优化产品品质和增强经济效益价值。现场安全管理对安全生产有着至关重要的意义。

首先，加强现场安全管理能够减少事故发生。管理欠缺、管理不力和管理错误是事故发生最重要的间接因素。正是由于管理存在缺陷，才造成人的行为失控，机（物）的不稳定状态，环境不良等安全隐患的存在，从而间接导致事故发生。加强现场管理，就会促进各项基础管理工作的提高，避免和减少因管理不当或失误造成的事故，从而在根本上消除事故的致因，达到实现安全生产的目的。

其次，现场安全管理其实是广义的现场安全文化教育。现场安全管理的许多内容就是安全生产的内容。例如，安全教育是否开展，规章制度是否得到执行，岗位危险识别控制活动是否开展，安全通道是否畅通，安全设施是否完好，5S 是否达标等，都是安全生产的重要内容，都可以通过现场安全管理得以体现和落实。

表面上看，现场安全管理仅涉及作业现场的四维时空（t、x、y、z），即时间（time）和三维空间（x、y、z）的可视有序化管理，可以通过规范现场的四维时空来反向变革和颠覆人的旧思维模式，扭转和改变人的不良观念，纠正人的错误思想，消除由这些观念和思想产生的不合规行为。现场安全管理其实是广泛的群众性活动，要求每一位员工"从我做起""从身边做起"，通过对作业现场"脏、乱、差"的治理，对不安全、不文明的行为进行规劝，以及对各项基础管理工作的加强；不仅能增强员工的责任心、荣辱感，也必然极大地优化安全生产的大环境，营造良好的企业安全文化氛围。

现场安全管理包括以查隐患为主的巡检、违章核实、问卷调查、事故调查、标志梳理、台账和档案等，通过查思想（安全意识与培训教育）、查违章（现象与行为）、查执行（各项管理制度和安全操作规程的执行）、查隐患（重点岗位、化学品等物料、仪器设备、环境、人员、PPE）、查整改（隐患整改及效果）、查事故处理（调查、报告、处理、纠正与预防措施制定及实施跟踪）的现场安全管理来促进和完善各项安全目标的实现。

1. 合规化管理

化学实验室的日常有序规范化安全管理，靠自律（自我约束）的内在动力是最好的，具有实质性的意义。然而，人人自律很难做到，需要外围监督检查来促进，特别是通过专职部门，如安全部门的日常巡检或者由各部门组成检查组的巡检、专项检查、突击检查、重点检查、节假日检查、定期检查、不定期检查、部门互查、分类抽查等"互律"或"他律"的形式，以督促和提高实验室的合规化管理。

现场安全检查不只是哪一个部门或哪一个人的事，从一把手到部门负责人，从部门负责人到项目主管或组长，从项目主管或组长到每一位员工，都是合规化管理的主体。以巡检为主要形式的合规化管理是现场安全管理的主要手段，检查的结果要记录在安全检查表中，便于建立台账和日后进行对照，看是否整改到位。

合规化管理首先需要有一套完整的实验室安全管理规章制度，然后从这些 SOP 中细化出一些可操作、可量化的检项，便于统计、评定、公布、有目的性地进行整改、达标、验收。

以实验室高风险评定和整改为主要内容的合规化管理，旨

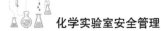

在通过对实验室的动态现场管理和对诸多违规项进行评定工作，可以发现和纠正管理上的缺陷、人的不安全行为、机（物）的不稳定状态、环境不良等安全隐患，避免事故的发生。

2. 5S 现场管理

5S 起源于日本，是指在生产现场中对人员、机器、材料、方法等生产要素进行有序而高效的管理。5S 即整理（Seiri）、整顿（Seiton）、清扫（Seiso）、清洁（Seiketsu）、素养（Shitsuke）5 个要素。有的企业根据自身发展的需要，在原来 5S 的基础上又增加了安全（Safety），即形成了"6S"；有的企业再增加了节约（Save），形成了"7S"；如此等等，甚至推行到"12S"。然而，所有这些都是从"5S"里衍生出来的。

5S 管理是企业精益六西格玛（Lean six sigma）管理战略中的基础部分，是精益六西格玛以消除浪费提高效率为本质，以多、快、好、省为精髓的具体实施。5S 管理的终极目标是在提高研发工作效率、加快项目进度的同时，提高工作质量和减少浪费，并且能完成各项安全目标，企业和组织保持长久的、可持续发展的竞争力。因此，5S 管理有其重要的现实意义。

另外，5S 管理是一种可视化的现场管理，是一种以自我约束为主的内部主动式管理，而在化学实验室的现场安全管理工作中，主动态度和自律行为是极其重要的。

（1）整理

整理包括区分物品的用途、区分要与不要的物品、清除多余的东西，现场只保留必需的物品。

整理的内容是：改善和增加作业面积；现场无杂物，行道通畅，提高工作效率；减少磕碰的机会，保障安全，提高质量；消除管理上的混放、混料等差错事故；有利于减少过度领存，节约成本；改变作风，改善工作情绪。

首先，把要与不要的人、事、物分开，再将不需要的人、事、物加以处理，对生产现场摆放的各种物品进行分类，区分什么是现场需要的，什么是现场不需要的；其次，对于实验室里各个通风橱的内外、操作台的上下、设备的前后、通道左右及实验室的各个死角，都要彻底搜寻和清理，直至现场无不用之物。

（2）整顿

整顿是指必需品依规定定位、分区放置，依规定方法摆放、整齐有序，明确标示、方便取用。

不浪费时间寻找物品，提高工作效率和产品质量，保障生产安全。把需要的人、事、物加以定量、定位。通过前一步整理后，对现场需要留下的物品进行科学合理的布置和摆放，以便用最快的速度取得所需之物，在最有效的规章、制度和最简洁的流程下完成作业。

物品摆放要有固定的地点和区域，以便于寻找，消除因混放而造成的差错；物品摆放地点要科学合理。例如，根据物品使用的频率，经常使用的东西应放得近些，偶尔使用或不常使用的东西则应放得远些。物品摆放目视化，使定量装载的物品做到过目知数；摆放不同物品的区域采用不同的色彩和标记加以区别。

（3）清扫

清扫是指清除现场的脏污，消除作业区域的物料垃圾。清除"脏污"，保持现场干净、明亮，防止污染。将工作场所的污垢去除，使异常的发生源很容易发现，这是实施自主保养的第一步，也可以提高设备稼动率。

自己使用的物品，如仪器、设备、用品等，要自己清扫，而不要依赖他人，不增加专门的清扫工；对设备的清扫，着眼于对设备的维护保养，清扫相当于保养；清扫设备要同设备的点检结合起来，清扫即点检，消扫也是为了改善。当清扫地面发现有疑问物料或泄漏时，要查明原因，并采取措施加以改进。

（4）清洁

清洁是将整理、整顿、清扫实施的做法制度化、规范化，认真维护并坚持整理、整顿、清扫的效果，使其保持最佳状态。

通过对整理、整顿、清扫活动的坚持与深入，消除发生安全事故的根源，创造一个良好的工作环境，使研发人员能愉快地工作。

工作环境不仅要整齐，而且要做到清洁卫生，保证员工身体健康，提高员工的劳动热情；不仅物品要清洁，而且员工本身也要做到清洁，如工作服要清洁，个人仪表要整洁：员工不仅要做到形体上的清洁，而且要做到精神上的"清洁"，待人要讲礼貌、要尊重他人：要使环境不受污染，进一步消除浑浊的空气、粉尘、噪声和污染源，消灭职业病。

（5）素养

人人按章操作、依规行事，养成良好的习惯，使每个人都成为有人格修养的人。提升"人的品质"，培养对任何工作都认真的人。努力提高员工的自身修养，使员工养成良好的工作、生活习惯和作风，让员工能通过实践 5S 获得人身境界的提升，与企业共同进步，是 5S 管理的核心。

3. 可视化管理

安全生产可视化是一种将实验室安全活动涉及的目标、方法、过程、环节中的关键信息转换为视觉感知信息的管理活动。安全管理可视化是指应用可视化的方式，体现在实验室安全管理涵盖的内容和要求，包括安全目标管理、安全工器具管理、安全标识管理、消防管理、安全措施管理等方面。

二、化学实验室设备管理制度

1. 目的

有效控制用于实验的所有仪器设备，确保其良好的工作状态和安全维护。

2. 适用范围

适用于实验用的所有仪器设备的购置、验收、使用、维护、停用、报废、标识、建档等的管理。

3. 职责

①实验室分管领导负责实验设备的资源保证，负责仪器设备申购及报废的批准和经费保证；

②实验室负责人员负责仪器设备申购、启用、封存（停用）、降级、报废的审核；

③实验室设备管理人员负责仪器设备的采购，组织验收及日常管理；

④实验室设备使用人员负责仪器设备的使用及日常维护、修理；

⑤实验室设备采购人员负责仪器设备的订购、协助使用部门组织验收、建档，以及仪器设备的计量校准的实施、计量状态的标识与维护保养工作、档案等管理。

4. 管理内容

（1）仪器设备配置

①正确配备进行实验（包括抽样、物品制备、数据处理与分析）所要求的所有抽样、测量和实验设备。

②用于实验和抽样的设备及其软件应达到要求的量程、准确度等技术参数都符合相应实验方法标准的要求。对结果有重要影响的计量实验仪器都制订校准计划，并在设备投入服务前应进行校准或核查，以证实其能够满足实验室的规范要求和相

应的标准规范。

③仪器设备包括：计量器具、实验设备或装置、辅助试验设备或装置也列入管理之中，且作为重要计量器具进行单列管理。

（2）设备购置

①由实验室负责人按照规定，根据实际需要填写实验设备、消耗材料、试剂的采购申请。增添仪器设备时采购申请表一般包括（但不限于）以下内容：

a. 各供应方同类设备性能比较；

b. 供应方的质量保证能力；

c. 同类设备价格比较；

d. 用户使用信息反馈。

对仪器设备申购进行技术审核，提出意见，报审批。

②经实验室分管领导批准的设备购置，由负责人组织办理采购。

（3）设备验收

①仪器设备的验收一般由开箱验收和质量验收组成。

a. 开箱验收：开箱验收由设备管理员和实验相关人员一同进行，必要时通知供货商参加。验收内容如下：

第一，包装是否完好；

第二，器设备的外观状态是否完好无损；

第三，主机、附件、随机工具的数量与合同和装箱单的一致性；

第四，使用说明书、合格证等技术资料是否齐全。

b. 质量验收：根据合同规定，进行验收，必要时组织供货商对仪器进行安装、调试、验收。对不涉及量值的仪器设备，仅核查其功能符合约定，能正常使用即可；对涉及提供测量数据的仪器设备，应进行检定或校准或自校；对于实验设备中实验所使用的专业软件，由设备管理员主持评审和验证。

②验收时要做好验收记录，编制仪器设备操作规程，并保存归档。

③标准物质验收合格后也贴上合格标志。

④经验收合格的仪器设备由实验室负责人批准启用，设备管理员予以编号（唯一性标识）并列入仪器设备台账，投入使用并纳入日常管理；验收不合格的仪器设备由负责与供应方联系并采取妥善的方法加以解决。

（4）仪器设备的档案管理

①设备管理员负责建立仪器设备台账，并为每台仪器设备建立仪器设备档案。所有仪器设备档案统一归档。对档案编制检索工具，进行分类、编目和必要的加工整理。

②仪器设备档案一般包括以下内容。

a. 仪器设备档案表，包括：验收表、交接表、维护保养表、仪器损坏故障修理记录表；

b. 仪器设备采购记录表；

c. 仪器设备周期检定 / 校准记录表、量值溯源证书及相应确认记录表；

d. 仪器设备说明书及其他随机资料；

e. 仪器设备使用记录表；

f. 仪器设备报废 / 降级审批表。

（5）仪器设备的标识管理

①仪器设备须有唯一编号和标识。

②设备管理员负责编制设备自编号，张贴或标示在仪器设备醒目处，作为唯一性标识，并定期对仪器设备的存放、保管及使用情况进行检查。

③所有在用检定 / 校准仪器应有"三色标识"表明其量值溯源状态，标识注明仪器设备编号、检定日期、有效期、检定单

位、检定员，其作用有以下几点。

a. 绿色——合格证（表明该设备量值溯源结果满足本机构使用要求）；

b. 黄色——准用证（表明该设备量值溯源结果的一部分或某项功能满足本机构使用要求）；

c. 红色——停用证（表明量值溯源结果无法满足本机构使用要求，或仪器设备已损坏）。

（6）设备管理员

负责各类仪器设备的日常管理，仪器设备应由经过授权的人员操作。

（7）仪器设备的使用

①实验人员在仪器设备使用前，首先应检查设备状况标志，过期的、未经检定/校准/验证或不合格的仪器设备禁止使用。每次使用前应做必要的性能检查，该记录应放置在仪器设备旁，以便随时记录核查的情况，便于追溯。

②对实验结果有重要影响的仪器设备应编制仪器设备操作规程，且确保使用者能方便地获得其有效版本。使用者应严格按仪器设备操作规程的要求进行操作。

③无论在使用前发现仪器设备不正常，还是在使用过程中发生过载、误操作或损坏时，均应立即停止使用，加贴停用标志，必要时进行隔离，并将情况记录到仪器设备使用维护保养记录中。并应就上述缺陷对以前所进行的实验工作带来的影响进行评估。必要时，应采取措施保护顾客的利益。

④仪器设备使用完毕后，应将使用情况记录在仪器使用记录表中。该记录表在年底时提交归档。

⑤非授权人员不得擅自使用实验用仪器设备。

⑥用于实验的仪器设备，不允许外借或脱离控制。

（8）仪器设备的维护保养

对实验结果有影响的仪器设备，根据设备说明书和设备实际使用的情况，制定设备的维护保养细则，定期保养；对大型精密仪器和常用的仪器设备每年维护2次。

（9）仪器设备的停用

①发现仪器设备超过检定／校准有效期限时，实验室应立即通知设备管理员贴上停用标志，防止误用。

②凡发现仪器设备超过检定／校准有效期限，或虽在有效期内，但仪器设备发生管理内容（7）中④的情况，或对其性能发生怀疑时，应立即停用该仪器设备。设备管理员立即在仪器设备上贴上停用标志，以防误用；并在仪器设备使用记录表中做有关情况记录。

③待已证实排除问题后，由实验室提出启用申请，由实验负责人批准启用。有关情况记录在仪器设备使用记录中。

（10）设备维修

①损坏的仪器设备，若不能通过核查或校验措施消除其缺陷时，由实验室负责填写仪器设备维修申请单，由设备管理员落实修理。

②若仪器设备损坏部分涉及量值，或修复过程中涉及了量值部分的调整，则修复的仪器设备必须按重新检定／校准／验证，证明其合格后方可投入使用，并把停用标志改为合适的状态标志。

③有关修理情况应记入到仪器设备档案表中，如仪器损坏、故障、修理记录表等。

（11）仪器设备的报废／降级

①经检定／校准证明已不再符合规定的技术要求或性能已不再满足技术标准的规定的仪器设备，且不能再继续使用的仪器设备，由仪器设备使用人提出报废申请，由设备管理员提出处

理意见，经批准后报废，并从实验场所移开。仪器设备报废后仍应保存其档案至一定年限。

②经检定/校准证明已不再符合规定的技术要求，但其部分性能尚能满足某些实验工作需要的仪器设备，实验室负责人在核实后，可以批准降级使用。

（12）其他

①对部分仪器设备进行利用期间核查，以保持其校准状态的可信度。

②实验和校准设备包括硬件和软件应得到保护，以避免发生致使实验和校准结果失效的调整，相关人员必须经实验负责人同意后，才可对实验设备的硬件和软件进行调整及移位，以避免发生致使实验结果失效的调整。

③当实验设备在校准中产生了一组修正因子时，实验负责人负责对其如何应用进行书面规定，并将其以书面通知形式下发到每位相关实验人员手中，并组织对这些相关人员进行应用培训。

④不使用自制仪器设备开展实验工作。

三、化学实验室用化学试剂管理制度

1. 目的

建立化学实验用化学试剂的管理制度，规范化学实验用化学试剂采购、验收、储存和发放等日常管理规程。

2. 适用范围

适用于实验室所用化学试剂的管理。

3. 职责

①实验室是负责其所采购使用的所有危险化学品管理的责任单位，负责涉及实验室的危化品采购申请、使用管理工作；危险化学品的入库、储存、出库登记工作；编制危险化学品事故应急预案，并定期组织演练。

②资料管理部负责实验室暂存于化学品库房的危化品的监管工作；防止暂存化学品的遗失。

③采购部在采购危险化学品时，应向取得危险化学品生产许可证或经营许可证的单位采购，并向供应商索取安全技术说明书和安全标签。

4. 管理内容

（1）化学试剂的采购

①实验室用化学试剂由实验员提出申请，经实验室负责人员审核批准后，按规定程序购买。

②采购易制爆危险化学品时，应向供货方索取安全技术说明书和化学品标签。

（2）化学试剂的验收

①化学试剂由保管员对其进行验收。检查包装的完好性，封口严密性，试剂有无泄漏，标签内容是否清晰，若均合格方可入库；无标签的试剂不准入库。并按规定做好入库手续。

②危险物品的包装容器必须执行《危险货物包装标志》《危险货物运输包装通用技术条件》中的规定。

③危险物品的运输装卸人员，应按装运危险物品的性质，佩戴相应的防护用品。装卸时必须轻装、轻卸，严禁摔拖、重压和摩擦，不得损坏包装容器，并注意标志，堆放稳妥。

（3）化学试剂的储存

①化学试剂单独储存于试剂室内，专人保管。试剂室应阴凉、避光，防止由于阳光照射及室温偏高造成试剂变质、失效。试剂室应开启排风扇通风，室内严禁明火，消防灭火设施器材完备。

②化学试剂种类繁多，须严格按其性质和储存要求分类存放。按液体、固体分类，每一类又按有机、无机、氧化剂、易燃易爆品等再次归类，按序排列，分别码放整齐并登记。易爆

炸品、易燃品、腐蚀品、氧化剂应单独存放，平时应关门上锁。具有氧化性酸类不能与易燃液体、易燃固体、自燃物品和遇湿燃烧物品混装。酸类物品严禁与氰化物相遇。需冷藏保存的化学试剂应放在防爆冰箱中保存。剧毒品存放于保险柜内，双人双锁。标准 / 基准物质存放于标准溶液室，上锁。

③保管员应每天检查试剂室温度、湿度，并记录，室温应保持 5 ～ 30 ℃，相对湿度 45% ～ 75% 为宜。

（4）化学试剂的发放

实验员根据实验需要提出领用要求，剧毒品等特殊化学试剂需经实验室负责人员审批。保管员根据实验员要求发放化学试剂。实验员应仔细检查试剂标签内容是否清晰，品名、规格与实验要求是否相符，并填写领用登记表。

（5）化学试剂的使用

①实验室化学品的使用或管理人员，必须接受有关法律、法规、管理制度和相应易制爆危险化学品的安全知识、专业技术、职业卫生防护、应急救援知识的培训，并经考试合格取得安全作业证后，方可上岗作业。

②使用前实验员首先应辨明化学试剂名称、规格、是否过保质期。无标签或字迹不请、性状发生改变、超过使用期限的化学试剂不得使用。用多少取多少，用剩的试剂不得再倒回原试剂瓶中。使用时注意保护标签，避免试剂遗漏在瓶签上。化学试剂应当天领用当天归还。

③危险化学品使用场所，应根据实验过程中的火灾危险和毒害程度，采取必要的排气、通风、泄压、防爆、阻止回火、导除静电、紧急放料、自动联锁和自动报警等设施。

④使用瓶装压缩气体时，气瓶内应留有余压，以防止其他物质窜入。

⑤易燃物品的加热严禁使用明火。

（6）化学试剂的销毁

超过有效期、性状发生改变不能用于实验，标签丢失的化学试剂均应销毁。对应销毁的化学试剂，由保管员定期提出书面销毁申请报告，经实验室负责人审核签字后，委托有专业资质的危废处理企业进行销毁，并做记录。记录应清晰完整，销毁后保存记录3年。

（7）其他

①实验员应具备危险化学品安全使用知识和危险化学品事故应急处置能力，包括熟悉实验室危险化学品安全管理制度和应急方案，掌握危险化学品的特性和安全操作规程。实验员上岗前应接受专业的危险化学品安全使用和危险化学品事故紧急处置能力的培训，考核合格后方可上岗。

②涉及剧毒品、易制毒、易制爆的化学试剂应当另外制定相应的管理制度，并符合国家与政府关于剧毒品、易制毒、易制爆的法律法规要求。

③危险化学品的使用、储存、采购等工作，除执行本制度外，还应遵守《危险化学品安全管理条例》的规定。

四、化学实验室用剧毒品管理制度

1. 目的

建立剧毒品的管理制度，规范实验用剧毒品的采购、验收、储存、发放、使用及销毁。

2. 范围

本制度适用于剧毒品的日常管理。

3. 职责

①实验室是负责其所采购使用的所有剧毒危险化学品管理的责任单位，负责涉及实验室的危化品采购申请、使用管理工

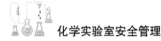

作；剧毒危险化学品的入库、储存、出库登记工作；编制剧毒危险化学品事故应急预案，并定期组织演练。

②资材管理部门负责实验室暂存于化学品库房的危化品的监管工作；防止暂存化学品的遗失。

③采购部在采购剧毒危险化学品时，应向取得剧毒危险化学品生产许可证或经营许可证的单位采购，并向供应商索取安全技术说明书和安全标签。

4. 管理制度

（1）剧毒品的采购

按照《危险化学品安全管理条例》的规定向公安机关提交申请材料，取得剧毒化学品购买凭证，购买时必须两人在场。实验室使用的剧毒品应向具有危险化学品安全生产许可证的生产单位或具有危险化学品经营许可证的经营单位采购。

实验室实验人员根据工作需要填写申购单，明确剧毒品的名称、编号、数量及相关技术要求，交办公室，由实验室负责人审核，实验室分管领导批准后，由采购部门实施采购。

（2）剧毒品的验收

剧毒品由剧毒品管理员对其进行验收，核对入库剧毒品名称、规格、数量，保证入库的剧毒品包装完整，封口严密，标识清晰，无污染，无渗漏，无破损，无混杂，无启封痕迹；以上各项验收合格，及时做好剧毒品保管记录。

（3）剧毒品的储存

剧毒品必须储存在指定区域内，分类码放整齐，严格按照各品种要求储存。剧毒品的保管应双人双锁管理，管理员未经批准不得随意变更。相关区域安装监控设备，人员出入应做好进出人员登记表。

（4）剧毒品的发放

剧毒品领用由使用人员根据需求填写剧毒品使用申请记录

并经实验室负责人同意后方可领用。领用时需两位使用人员共同领用。领用时使用人员应认真核对剧毒品的名称、数量、规格。两位剧毒品管理员在剧毒品保管记录上填写领用数量、名称、领用日期及领用人，同时做好结存数记录。使用人员领用后应立即将剧毒品存放于保险箱内，领用及存放时剧毒品管理员都应在现场，并记录。所有记录应保存至剧毒品用完后3年。

（5）剧毒品的使用

使用剧毒品时，由实验员领取后在剧毒品管理员的监督下按照产品标准规定进行，并按要求做好危险品标识，以免他人误用。实验结束后废液需经分解处理后才能倒入废液缸或下水道。

（6）剧毒品包装物的管理

剧毒物品用完后的包装箱、纸袋、瓶、桶等必须严加管理，实验室负责联系环境保护库交付给有资质的危险废弃物处理单位统一处理。

（7）剧毒品的销毁

超过有效期的剧毒品应销毁。使用完毕的剧毒品内包材或剩余试液严禁擅自丢弃，必须交剧毒品管理员统一管理。对应销毁的剧毒品，由剧毒品管理员定期提出书面销毁申请报告，经主管领导审核签字后，委托有资质的企业进行销毁，并记录。记录应清晰完整，销毁后保存记录3年。

（8）其他

①剧毒品管理员每年必须对保险箱内的剧毒品进行一次盘点。如发现丢失、被盗等，应马上采取安全防护措施，同时通知分管领导，必要时通知公安部门。

②剧毒品使用时应根据MSDS做好相应防护工作，以防中毒事故发生。

③剧毒品的储存、使用场所需由有资质的企业安装24小时

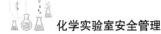

摄像监控，并由属地公安局进行验收。

④涉及剧毒危险化学品的使用、储存、采购等工作的，除执行本制度外，还应遵守《剧毒化学品管理条例》的规定。

五、化学实验室用易制爆化学品管理制度

1. 目的

为了加强对易制爆危险化学品的安全管理，规范实验室的检测行为，有效预防和控制易制爆危险化学品造成的事故及危害，保障实验室人员生命、财产安全，保护环境，做好易制爆危险化学品的购买、储存、领用、使用和处置废弃易制爆危险化学品工作，保证实验室安全，特制定本制度。

2. 适用范围

本制度适用于化学实验室及其暂存点（化学品库）。

3. 术语

易制爆危险化学品是指其本身不属于爆炸品，但是可以用于制造爆炸品的原料或辅料的危险化学品。种类见《易制爆危险化学品名录》。

4. 职责

①实验室是负责其所采购使用的所有易制爆危险化学品管理的责任单位，负责涉及实验室的危化品采购申请、使用管理工作；易制爆危险化学品的入库、储存、出库登记工作；编制易制爆危险化学品事故应急预案，并定期组织演练。

②资材管理部门负责实验室暂存在化学品库房的危化品的监管工作；防止暂存化学品的遗失。

③采购部在采购易制爆危险化学品时，应向取得易制爆危险化学品生产许可证或经营许可证的单位采购，并向供应商索取安全技术说明书和安全标签。

5. 管理内容

①实验室负责人必须保证本实验室易制爆危险化学品管理工作符合有关法律、法规、标准和国际化工管理制度的要求。根据有关法律、法规、标准、国际化工管理制度，结合本实验室实际制定相应的管理办法，并对本实验室易制爆危险化学品的安全负责。

②易制爆危险化学品的从业人员，必须接受有关法律、法规、管理制度和相应易制爆危险化学品的安全知识、专业技术、职业卫生防护、应急救援知识的培训，并经考试合格，取得安全作业证后，方可上岗作业。

③易制爆危险化学品作业场所，应根据实验过程中的火灾危险和毒害程度，采取必要的排气、通风、泄压、防爆、阻止回火、导除静电、紧急放料、自动联锁和自动报警等设施。

④采购部采购易制爆危险化学品时，应向供货方索取安全技术说明书和化学品标签。

⑤易燃的易制爆危险化学品的加热严禁使用明火。

⑥易制爆危险化学品要登记并归档，由专人负责管理。

⑦超过有效期、性状发生改变的不能用于实验、标签丢失的易制爆化学试剂应销毁。对应销毁的化学试剂，由保管员定期提出书面销毁申请报告，经实验室负责人审核签字后，委托有专业资质的危废企业进行销毁，并记录。记录清晰完整，销毁后保存记录 3 年。

⑧涉及易制爆危险化学品的使用、储存、采购等工作的，除执行本制度外，还应遵守《危险化学品安全管理条例》的规定。

六、化学实验室用易制毒化学品管理制度

1. 目的

建立实验室易制毒化学品购买、使用、储存的制度。

2. 适用范围

适用于实验室易制毒化学品的安全管理。

3. 职责

①实验室是负责其所采购使用的所有易制毒危险化学品管理的责任单位，负责涉及实验室的危化品采购申请、使用管理工作；易制毒危险化学品的入库、储存、出库登记工作；编制易制毒危险化学品事故应急预案，并定期组织演练。

②资材管理部门负责实验室暂存于化学品库房的危化品的监管工作，防止暂存化学品的遗失。

③采购部在采购易制毒危险化学品时，应向取得易制毒危险化学品生产许可证或经营许可证的单位采购，并向供应商索取安全技术说明书和安全标签。

4. 管理内容

①因化验使用需要购买、储存、使用易制毒化学品应严格按照有关规定，事先提出采购书面申请，由采购部门办理有关手续，并及时到公安机关开具购买备案证明。

②易制毒化学品只能储存在按规定专门设置的危险品仓库内，并实行双人双锁制度。

③易制毒化学品在专用库房内应根据其性质，分开隔离存放。

④严禁无关人员进入危险品库区，严禁在库区吸烟和使用明火，严禁在库房内住宿和进行其他活动。

⑤使用易制毒化学品时，必须建立严格的领取制度，领取量不得超过工作需要量。使用易制毒化学品的部门，临时存放

危险品时，要选择安全可靠的地方单独存放，并指定专人负责。

⑥使用易制毒化学品要严格按照有关规定，尽量在具备无毒害处理条件下使用，以减少对人畜和环境的损害，报废的易制毒化学品一定要按有关规定处理，不得自行随意丢弃和处置。

⑦使用部门要经常对易制毒化学品进行实物、台账的盘点与核对，发现易制毒化学品丢失、被盗或安全事故隐患时，应及时报告保卫等有关部门。

⑧超过有效期、性状发生改变不能用于实验、标签丢失的易制毒化学试剂应销毁。对应销毁的化学试剂，由保管员定期提出书面销毁申请报告，经实验室负责人审核签字后，委托有专业资质的危废处理企业进行销毁，并记录。记录应清晰完整，销毁后保存记录3年。

⑨涉及易制爆危险化学品的使用、储存、采购等工作的，除执行本制度外，还应遵守《危险化学品安全管理条例》的规定。

七、化学实验室用电管理制度

1. 目的
建立实验室用电安全的规定。

2. 适用范围
适用于实验室电器的安全管理。

3. 职责
①实验人员负责电器的日常检查和报修；
②设备保障部门负责电器的维修。

4. 工作内容
①严格遵守电器设备使用规程，不准超负荷用电。
②使用电器设备时，必须检查连接无误后才可操作。
③开关电闸时，动作要迅速、果断和彻底，并使用绝缘手柄，以免形成电弧或火花，造成电灼伤。

④保险丝熔断时，应先检查确证电器正常后，才能按规定更换新保险丝，再投入运行。严禁任意加大保险丝。

⑤电器或线路过热，应停止运行，断电后检查处理。

⑥电器接线及线路必须保持干燥，并不得有裸露线路，以防漏电及伤人。禁止用铁柄刷子或湿布清洁电闸。

⑦实验中停电，应关闭一切正在使用的电器，只开一盏检查灯。恢复供电后再按规定重新通电工作。

⑧使用高压电源时（如电器实验），要按规定穿戴绝缘手套、绝缘靴，站在橡胶绝缘垫上，用专用工具操作。

⑨所有电器设备，不得私自拆动、改装、修理。

⑩室内有可燃气体或蒸气时，禁止开、关电器。

⑪电器开关箱内，不准放置杂物；并注意定期检查漏电保护开关，以确保其灵活可靠。

⑫实验工作结束后，应切断总开关。

⑬发现人员触电，应立即切断电源，并迅速抢救。

⑭电器维修人员必须持有与维修内容相符的上岗资质。

八、化学实验室气瓶管理制度

1. 目的

为了保证实验室用气瓶的日常安全使用，保护操作人员人身和财产的安全，特制定本制度。

2. 范围

适用于氦气钢瓶、氩气钢瓶、氮气钢瓶、乙炔气钢瓶、氩氦混合气钢瓶、氢氦混合气钢瓶及关联设施的日常安全管理。

3. 职责

①指定专人负责气瓶和关联设施的日常安全管理；

②指定专人做好气瓶的日常使用安全管理工作。

4. 内容

（1）气瓶储运安全管理

①由专人做好接收确认工作，若存在如下安全隐患气瓶则不能搬入气瓶室。

a. 气瓶漆色、充装气体名字样不清的；

b. 气瓶安全附件不全的（如没有气瓶瓶帽、防震圈）；

c. 气瓶瓶体和瓶阀沾有油污的；

d. 充装液化气的气瓶，充装过量的；

e. 气瓶钢印标记不全或不能识别的；

f. 未实施定期技术检查的（充装氢气、氧气的气瓶每 3 年要检验 1 次）。

②气瓶储存室日常安全管理。

a. 气瓶室为重点安全管理区域，非关联员工不得随意进入气瓶室操弄气瓶；

b. 热源、明火必须远离气瓶室 10 m 以上；

c. 存储钢瓶必须竖直摆放，并用架子或套管固定，并做好区域标牌标识；

d. 夏季做好避免太阳直晒的防护工作。

（2）日常操作使用安全管理

①使用气瓶的关联人员，必须接受相关安全操作知识的教育，未经教育者不能上岗操作使用。

②日常使用前，按以下步骤进行操作确认。

a. 确认减压阀是否有松动现象；

b. 确认无异常后，缓慢打开钢瓶气阀；

c. 打开后，确认气瓶内残气压力，当减压阀显示表压低于或接近 0.05 MPa 时，不能再使用，以防止其他物质窜入；

d. 开启操作者应站在气体出口的侧面，避开减压器的防爆出口；

e. 以上确认无异常后，开启管路总阀；

f. 最后在使用的钢瓶挂上"使用中"的标示牌。

③使用完毕，进行以下步骤的操作确认。

a. 确认减压阀表压显示，对残留气量不足上述标准的，及时联系换装；

b. 按顺序关闭钢瓶气阀、管路总阀；

c. 挂上"关闭中"标识；

d. 对乙炔等易燃气体使用完毕，尽可能将管路中剩余气体耗尽。

（3）气瓶室点检、采购管理

①指定专人对气瓶室及相关设施实施日常、定期点检工作（如下），并做好记录。

a. 每次购入存放前，由专人按照要求的检查事项进行确认；

b. 对布置在室内的气体管线每半年实施 1 次是否泄漏的定期检查；

c. 每周对储存在气瓶室内的钢瓶是否有泄漏、暴晒、开启状态进行确认；

d. 对实验人员是否严格执行本管理制度状况进行不定期的检查，发现问题及时教育，并督促其改正。

②由指定专人负责气瓶日常采购工作，向有资质的供应商采购，并做好采购记录。

九、实验员安全操作管理制度

1. 目的

明确实验员的岗位职责，规范实验操作行为，保证实验工作的安全性。

2. 范围

适用于实验员的实验安全操作。

3. 操作规范

①实验员在实验前因熟读相关实验化学品的 MSDS，了解安全防护和应急处置措施；

②按仪器设备操作规范中的规定步骤操作，熟悉原理和注意事项，使用前检查仪器设备状态是否完好、是否在检定有效期内，并及时做好使用记录；

③计量器具按监视、测量设备管理文件中的规定进行管理，使用前检查是否在检定有效期内；

④实验室使用的各类标准溶液、制剂及制品，使用前应确认其在有效期内且未变质，必要时重新制备；

⑤按实验规程之规定进行实验；

⑥严格按实验规程中的规定称量、操作，并按顺序加入化学药品；

⑦随时做好并保持实验室的清洁卫生工作，玻璃器皿、实验用试剂及试液按规定位置放置，玻璃器皿仪器用完后按规定清洗干净；

⑧进入实验区域必须穿戴工作服、工作鞋，实验操作按 MSDS 规定穿戴必要的防护用品；

⑨使用易燃、易爆、腐蚀性、有毒物品时，室内至少有两人，防止人身事故和火灾的发生；

⑩使用移液管吸取液体时，禁止用嘴吸取，绝对禁止用嘴品尝试剂；

⑪辨别试剂气味时，应用手轻轻煽动瓶口，使气体从侧面吹向自己，防止直接吸入；

⑫用试管加热液体时，不能用试管口对准自己或临近工作人员，禁用电吹风；

⑬加热易燃试剂时必须用水浴、沙浴或电热套，严禁使用明火加热；

⑭加热温度有可能达到被加热物质的沸点时，必须放入沸石以防暴沸；

⑮进行加热操作或易爆操作时，操作者不得离开现场；

⑯回流冷凝器的上端和蒸馏器的接收器开口必须与空气相通，冬季下班前排空玻璃冷凝器内的积水，防止玻璃管破裂引发事故；

⑰易挥发、放出有毒、有害气体的瓶口应密封，取样尽量在通风橱内完成；

⑱配制、采集有毒、腐蚀性物品时，须小心谨慎，戴好耐酸碱手套和防护眼镜；

⑲不准用实验器皿盛装食品和饮料，不准在实验室内吃东西、吸烟；

⑳不准用湿布及有腐蚀性的溶剂擦洗电器设备和精密仪器；在检查电器设备是否漏电时用电笔，防止触电；

㉑实验结束后要进行安全检查，离开时关闭一切电源、水源、气源及门窗；

㉒闪点≤23 ℃的试剂，存放量不能超过一周的用量，并妥善保存；

㉓实验室尽量避免产生电火花，日光能直射的地方，不能放置自燃点低的物质；

㉔所有盛放药品的试剂瓶均应贴上标签，标明品名、规格、批号或配制日期等，应注明有效期；

㉕过程中产生的废液、废渣、废料按类收集，做好标识，按实验室三废规定统一进行处理。

十、相关的记录表格式

1. 安全检查记录表（表 5-1）

表 5-1　安全检查记录

部门（科室、班组）：　　　　　　　　　　　　　　年　　月

日期	计算机	UPS	仪器设备	空调	电灯	门	窗	排风扇	总电源阀	安全检查员

2. 化学试剂入库验收登记表（表5-2）

表5-2 化学试剂入库验收登记

名称	规格	批号	验收日期	验收数量	验收人

3. 化学试剂领用登记表（表5-3）

表5-3 化学试剂领用登记

名称	规格	批号	领用日期	领用数量	领用人

4. 仪器设备档案表（表 5-4）

表 5-4 仪器设备档案

仪器设备名称：_____

仪器设备编号：_____

保管部门：_____

仪器名称		型号	
测量范围		购置时间	年　月
准确度等级 / 不确定度			
制造厂商			
出厂编号		自编号	
仪器附件及资料			
名称	数量	型号	备注

主要技术指标

续表

仪器验收登记					
仪器名称		到达日期		验收日期	
验收情况记录（仪器外观、成套性、通电试验、技术指标）：					
验收部门		验收签字		验收人	
				负责人	

仪 器 交 接 记 录			
日期	交接情况	保管人	批准人

仪器维护保养记录		
保养时间	保养项目	保养人签字

仪器损坏、故障、修理记录		
日 期	维 修 内 容	确认人签名

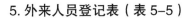

5. 外来人员登记表（表5-5）

表5-5　外来人员登记

访客姓名		单位名称	
同行人员		到访时间	
接待实验室		接待人签字	
来访事由			
进入实验室时填写			
进入原因			
批准人签字		陪同人员	

第六章 安全评估和应急处理

作为有效预防化学实验室事故措施之一的化学实验室安全评估及预防和应急处理，已成为业内关注的热点话题。化学实验室安全评估可以有效地提升化学实验室安全水平，预防、处置事故的发生。应急处理必须加强预防，坚持预防与应急相结合，常态与非常态相结合；建立职责明确、运转有序、反应迅速、处置有力的应急预案和处置体系，最大限度降低突发事件的危害，维护和确保化学实验室的稳定和人身财物的安全。

一、化学实验室试验过程安全评估

鉴于化学实验室基本上是人工操作的现状，不安全的因素会更甚于化工厂。据统计，安全隐患无外乎是研发过程中危险化学品的泄露和能量的不当释放。其原因为人为因素（操作方案设计或操作不合理）和设备仪器、环境等因素［玻璃设备破损、控制仪器（温度、流量及转动等）失控或周边环境影响等］。

为了防患于未然，借鉴化工产业的安全管理理论和手段危险与可操作性分析（Hazard and oper-ablity analysis，HAZOP）、启动前安全检查（Pre-start-up safety review，PSSR）等，根据实验室的具体情况，设计了化学实验室实验安全评估的定性方法，涵盖了人、机、物、法、环等基本要素，以化学安全说明书（Chemical safety data sheet，CSDS）、化学试剂禁忌表、实验操作方案为基础，进行过程危害辨识，对科研实验的危险性进行评估；实践证明，定性安全评估提高了科研人员的安全意识、明确了实验过程中安全隐患，大幅降低了实验过程中的职业伤害和工艺伤害的可能性，提高了实验的成功率。

1. 实验室实验安全评估准备

评估前需要准备好实验所需试剂、助剂的 CSDS 及其禁忌表，实验方案及用到的玻璃仪器等设备。

（1）评估方式和团队组成

评估以头脑风暴的方式进行，团队由课题负责人、安全管理员或资深研发人员和操作人员组成。

（2）评估的目的

以头脑风暴的方式，依据相关试剂的 CSDS、禁忌表、实验方案和实验设备，以及评估团队的理论、经验的综合，全方位、定性找出实验全过程可能存在的安全隐患，从而优化方案、提高其过程安全性，减少事故发生频率和减轻事故后果。

2. 评估的实施

①根据实验所用的试剂、助剂的 CSDS，确定实验过程所需佩戴的个人防护用品及投料操作时安全关注点。

②根据 CSDS 描述试剂与助剂的属性（酸性－碱性、氧化性－还原性等），制作其禁忌表（表6-1），防止实验准备时、临时存放或操作时的安全隐患。

表 6-1 试剂与助剂禁忌表

	试剂 1	试剂 2	试剂 3	试剂 4	试剂 5
试剂 1	—	√	×	√	√
试剂 2	√	—			
试剂 3	×		—		
试剂 4	√			—	
试剂 5	√				—

③根据实验方案和CSDS，就实验准备使用的仪器设备和具体操作进行评估，找出安全隐患，提出改善措施或应关注事宜（设备使用、操作要点等）。

④实验回顾。过程结束后，评估团队及时就过程中的经验进行总结；共性问题在部门及时通报，以促进安全和科研的进步。

3. 实验安全评估表

（1）节点目录（表6-2）

表6-2　节点目录

实验名称	
评估清单	
评估节点编号	节点描述
1	CSDS与个人防护用品
2	试剂禁忌表
3	实验方案评估
4	设备、设施的适用性评估
5	评估回顾
日期	
评估团队成员	
备注	

（2）CSDS-PPE（表6-3）

表6-3　化学实验安全说明书与个人防护用品

实验安全表				
节点编号	1			
节点名称	CSDS & Proper PPE			
节点描述	根据试剂、助剂的CSDS，确定试验应配备的个人防护用品			
操作描述				
评估时间				
项目名称				
试剂	属性	安全隐患	安全防护	建议措施

（3）原料禁忌表（表6-4）

表6-4　原料禁忌

实验安全表				
节点编号	2			
节点名称	CSDS			
节点描述	根据试剂、助剂的 CSDS，制作试剂、助剂禁忌表			
操作描述				
评估时间				
项目名称				
试剂禁忌表				
试剂	1	2	3	4
1	—	√	×	√
2	√	—		
3	×		—	
4	√			—
说明	①根据禁忌表，试剂临时存放应遵从禁忌表要求，以消除安全隐患；②防止试剂的交叉污染；③禁忌试剂接触会有安全隐患，操作时要关注；④√表示相容，×表示不相容			

（4）实验方案评估（表6-5）

表 6-5　实验方案评估

实验安全表				
节点编号	3			
节点名称	实验方案			
节点描述	讨论实验方案的操作方式、顺序、控制参数等，找出可能的安全隐患和改进建议			
操作描述				
评估时间				
项目名称				
操作	隐患	原因	后果	建议
投料				
反应				
后处理				

（5）设备、设施适用性（表6-6）

表6-6　设备、设施适用性

实验安全表				
节点编号	4			
节点名称	设备、设施的适用性			
节点描述	方案所用设备、设施是否安全、有效，如有偏差，有何后果，如何补救			
操作描述				
评估时间				
项目名称				
设备	隐患	原因	可能后果	建议措施

（6）总结（表6-7）

表6-7 实验安全评估总结表

实验安全表	
节点编号	5
节点名称	回顾
节点描述	
评估时间	
项目名称	

二、事故调查、共享及基于行为的安全管理

事故调查、共享及基于行为的安全管理（BBSM）是从"事故中学习"，是提高安全意识和安全管理水平的重要手段之一，事故调查、共享是科研团队安全意识、安全管理水平共同进步的工具。

心理学研究成果显示：人的意识是难以有效管理的，而人的行为是可以管理的；因此通过实验室安全隐患和实验室安全事故调查确定的人的不安全因素，使教育、培训科研人员形成安全的行为习惯，可以避免很多事故，使隐忍的因素造成的事故率大幅降低。

1. 化学实验室事故调查

事故调查是国际法律、法规的要求，体现公司的关心和承诺；通过调查，可以改善安全环境、提高员工安全意识、规避未来类似事故的发生；避免不必要的误会和猜忌，促成开明的工作环境。总之，是为了防止类似事故的再次发生。

（1）事故的概念

事故就是在进行有目的的行动过程中所发生的违背人们意愿的事情或现象。

事故包含人身受到伤害和财产受到损失。每一起事故发生的后果主要有以下三种情况：第一种，人身受到伤害，财产没有损失；第二种，人身没有伤害，而财产受到损失；第三种，人身受到伤害，财产也受到损失（图6-1）。

图6-1　事故、未遂事故、事件的图形表示

（2）事故分类（图6-2）

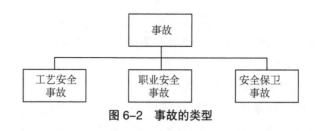

图6-2　事故的类型

工艺安全事故具体指火灾或爆炸、化学品或能量的意外释放而造成的人身伤亡、财产损失或环境污染事故。

职业安全事故则是指职业伤害事故和职业病。

安全保卫事故是指职责、责任不清造成的事故。

（3）事故调查方法

根本原因分析法（图6-3）是比较好的事故的调查方法之一，有以下几个操作步骤。

①针对每一项发生的实施，推定何种情况促成或造成其发生。

②对于推出的情况，再次追问，推定何种情况促成或造成其发生，此事为何会发生？

③对于上述推出的情况，再次不断地追问所有可能的情况促成或造成其发生，一直进行到终点问题——最基本的问题，也就是原因。

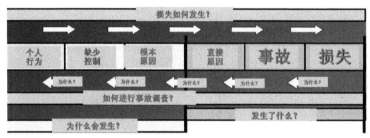

图6-3　根本原因分析法

（4）事故调查注意事项

①据统计，80%以上的事故都是由于"不安全状态"和"不安全行为"共同作用而引发的；

②任何意外事故都不神秘，在发生状态下是必然的；

③"员工粗心大意"必然导致事故，责怪不解决任何问题；

④查出所有"不安全状态"和"不安全行为"是调查的目的。

根据"不完整的调查结果"而采取的"不完整改善措施"，有时比"照旧"还要糟糕。

2. 事故调查结果与处理

通过事故调查找出其发生的根本原因，是为了吸取教训，避免以后发生类似状况，从而使工作环境更安全；因此一旦发生事故，要找出原因，惩前毖后，吸取教训，采取措施，防止事故再发生。按照"四不放过"原则进行处理，即对发生的事故原因分析不清不放过；事故责任者和群众没有受到教育不放过；没有落实防范措施不放过；事故责任人未得到处理不放过。要让所有相关科研人员都受到教育，引以为鉴。

3. 基于行为的安全管理

好的行为习惯成就一生，而科研人员在实验室好的安全行为习惯造就良好的安全环境和状态。

通过事故调查找出"不安全行为"；通过分享调查引起思想上的重视；同时引导、巡视使科研人员形成"安全"的科研操作习惯；周而复始，可以大幅降低事故发生的概率，提高安全水准。

三、化学实验室常见的几类安全事故应急响应

为了应对实验室可能发生的突发事件和紧急情况，实验室负责人需要制定有效的应急响应措施，确保事故发生时能迅速快捷、有组织地妥善处理，将各种事故和灾害的损失降至最低程度。

1. 化学实验室概述

有机合成实验室、分析实验室、氢化实验室、特殊气体实验室及有公斤级化学品的实验室，这类化学实验室都有很多设备和仪器在运行，并有许多反应在进行，需要预防突发性安全事故。例如，火灾爆炸、突然停电、化学品泄漏等事故。

2. 事故应急响应的全员职责

安全部门是火灾爆炸等安全事故应急响应方案制定和实施

的主要负责部门。其他的行政部门、工程部门、物流部门、人事部门和研发部门等各部门，一旦发生安全事故都要协调响应，保证火灾爆炸等安全事故应急响应的有效实施。

在日常生产、研发活动和应急响应训练中，各部门应按照"谁主管、谁负责"的原则，把安全生产落实到每个工作细节中。积极配合安全部门，加强对部门老员工、新员工及外来施工人员的安全培训工作，严格按规定进行"三级教育"。

尤其是化学实验室研发人员、实验室管理人员及服务配套人员，从主管到配送工、清洁工、仪器设施的维护维修工等相关人员，都要加强化学知识特别是各种试剂物料 CSDS 的了解学习和规范操作的安全培训，包括岗前和日常培训，坚持"预防为主，严阵以待"的策略，把防范化学品泄漏和泄漏后的应急响应落实到每一个相关工作细节中。

3. 化学实验室安全事故的报警

①一旦发现火警，发现人应沉着冷静，立即利用现有消防器材按照初期火灾的扑救程序进行灭火自救，同时大声呼救；火警现场当班负责人负责组织现场人员灭火，并安排专人通报安全部门和主管领导，视火情决定是否报告火警，119。

②报警时要准确报告火灾发生的单位、地点、火势情况、燃烧物和大约数量，以及报警人姓名、电话等联系办法。

③在专职消防队到达之前要做好自救，以及现场隔离。

如果要害部位为重要电器设备，除按规程要求和操作程序切断电源外，还要利用现场所配备的消防器材进行扑救，控制火势蔓延。

4. 火灾现场领导及分工

①总指挥人选一般为现场最高级别领导，行使总指挥职责的人选原则：公司最高级别领导为总指挥——如果不在，公司分管安全的负责人即为总指挥——如果不在，安全部门负责人

即为总指挥——如果不在，现场最高级别领导即为总指挥——如果不在，现场最有经验的人即为总指挥。

②总指挥职责：当确认发生火灾时，迅速报告火警，并有权直接指挥灭火，按消防规程迅速启动各种消防设施灭火，同时指挥利用就近的各种灭火器材灭火；专职消防人员赶到时将指挥权移交由专职消防负责人。

③安全部门负责人：在接到火警警报后，组织应急人员携带灭火器材赶到现场；当判明可能发生爆炸、危及人员生命安全时，迅速组织人员疏散、撤离。

④其他部门负责人：按职责分工执行，服从总指挥、调动或赶赴现场协助灭火。

⑤安全部门：负责接报警、灭火器材的调配供应，组织火灾现场的设备，保证抢救工作，设置火灾现场警戒，维持现场秩序及救援车辆、人员的引导工作。

⑥所有在场员工：服从统一指挥，按各自的岗位分工保护设备、参加灭火，紧急情况下组织人员撤离现场。

⑦不管哪个部位发生火灾，全体员工都要积极配合灭火救灾。火警就是命令，火场就是战场，全体参加灭火作战的人员要服从命令、听从指挥，减少不必要的损失。

5. 安全事故应急响应

安全部门接警后，一面组织人力、携带器材赶赴现场，一面与现场取得联系确认火情。

应急人员到达火警现场后，如果发现灾情严重，在向公安消防队报告的同时，应迅速启动应急预案，立即分组在总指挥的指挥下开展有序的扑救工作。

①警戒组在火灾区域疏散人员，设置警戒区域。

②灭火组实施具体灭火程序。

③救援组对现场出现伤亡的人员进行抢救、转移或送医院

救治。

④物资保护组负责贵重物资的抢救保护。

（1）火灾、爆炸事故应急响应

火灾是时间和空间上失去控制的燃烧造成的伤害。燃烧是物体快速氧化，产生光和热的过程。燃烧的本质是氧化还原反应。广义的燃烧不一定要有氧气参加，任何发光、发热、剧烈的氧化还原反应，都可以称为燃烧。

爆炸是物质的一种非常急剧的物理、化学变化，是能量（物理能、化学能或核能）在瞬间迅速释放或急剧转化成机械能和其他能量的过程与现象。化学爆炸是指物质在有限的空间内瞬间发生急剧氧化反应、聚合反应或分解反应，产生大量的热和气体，并以巨大压力急剧向四周扩散和冲击而产生巨大响声的现象；如果没有化学反应，而仅是由于压力增大等因素引发的爆炸称为物理爆炸。

火灾、爆炸应急响应是指在发生火灾或爆炸时，能有效、有序地组织人员解决发生的灾情，减少人身伤亡和财产损失。爆炸有可能是单独性的，也可能继而引起火灾。

火灾、爆炸应急响应的培训和演练要普及，从公司的最高领导层到普通员工都应普及，目的是贯彻"预防为主、防消结合"的工作方针，防止灾情的发生，充分发挥所有员工在防爆、防火工作中的主体积极作用，做到有备无患。一旦有灾情发生，可以做出及时正确的应急响应，减少事故带来的损失。

（2）突然停电应急响应

突然停电后若不及时采取相应的措施，轻则损坏仪器设备，实验失败；严重时，则会引发有害试剂的泄漏、反应冲料、火灾爆炸等事故。因此，应制定和执行突然停电应急响应预案，按照程序在停电后，有自动报警系统响应，采取有效措施，包括及时关闭设备仪器，并停止正在进行的实验，减少安全隐患，防止事故的发生。

主要从停电后及来电后两个时段进行程序处理：在突然停电状态下主动按程序进行设备保护、实验保护、消除火灾等操作，以避免突然来电造成事故；来电后正确有序启动各类设备仪器，避免同一时间启动大量设备对公司供电系统造成损坏及引发事故。操作程序有以下几个方面：

①在正常工作日突然停电时，有机合成实验室应按照常规方法处理：变压器加热电压调零、搅拌装置关闭、妥善处理已有的加温反应，来电后重新调整反应至正常；连接真空油泵的装置（如真空烘箱、冷冻干燥机等），以及连接空压机的装置，都要在第一时间正确稳妥地移去真空和压力，妥善处置相关物品，并立即拔掉电源；其他仪器设备最好全部拔掉电源。在非正常工作日停电时，安全部门值班人员或当班保安应立即协同工程部进行相应处理。

②氢化室如果突然停电，立即关闭所有气体钢瓶总阀，关闭搅拌器（高压釜要将调速旋钮归零），调温电压归零。有管理员在场时，由管理员完成上述操作；无管理员时，由安全部门安排。恢复供电后，必须由管理员恢复实验。

③若分析实验室在正常工作日停电，分析部门要进行相应程序操作；非正常工作日停电，值班电工必须在不间断电源（Uninterruptible power system，UPS）应急供电时间内通知分析人员进行操作，也可以通过电话，根据分析人员的远程指令要求进行操作。

④其他部门遇到停电时，有应急预案的，按照已有的应急预案进行；若无，做好必要的安全检查。

⑤对于停电会造成无法估量的损失或事故的电器，要安装备用电源 UPS。工程部统计有 UPS 的电源控制开关，做好分布图，并在开关上贴好蓝色指示。保证相关电工人手一份分布

图，并熟知其分布。

⑥未经工程部电工允许，任何人不得进入配电间。恢复供电前，核实用电负荷。

⑦当班水电工、保安或其他人员如果发现大面积停电、漏水，应及时通知工程部第一责任人或第二、第三责任人，并做好相应措施，防止事故扩大。应急处理责任人在没有特殊原因的情况下，应快速到现场，及时协调当班人员进行现场处理。

⑧突然停电及重新恢复供电是极其严肃的事情，事关重大，在场的任何人必须积极协作，其他人员必须服从应急人员的安排。在此期间，如有人为怠慢或消极处理行为，将追究其责任，情节严重时交由公安机关处理。

⑨对停电会造成影响、安全隐患或事故的电器设备，需要贴上印有紧急联系人姓名和手机号码的标签，紧急联系人也称责任人，最好要有 2～3 位，如第一责任人、第二责任人等，便于晚间或节假日遇紧急情况联系；并且还要有在突然停电情况下的安全操作程序图示标贴。

（3）化学品泄漏应急响应

①化学品泄漏概述。化学实验室的化学品泄漏包括反应或后处理过程中的冲料、溢料，储存容器（瓶、桶、罐）发生破损泄漏、打翻或倒塌，气体钢瓶破损或阀门关闭不严等造成有害气体泄漏。

化学品泄漏的危害涉及多方面，轻微的造成损失、环境污染，严重的可能危及人的健康与生命、造成爆炸或火灾，甚至危及社会的各个方面。

②化学品泄漏的防范与处置。在化学品的生产、储存和使用过程中，盛装化学品的容器常常发生一些意外的破裂、倒洒等事故，造成化学危险品的外漏，因此需要采取简单、有效的安全技术措施来消除或减少泄漏危险。如果对泄漏控制不住或

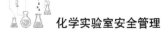

处理不当，随时有可能转化为燃烧、爆炸、中毒等恶性事故。特别注意危险化学品的泄漏，容易发生中毒或转化为火灾爆炸事故。因此泄漏处理要及时、得当，避免重大事故的发生。危险化学品的泄漏应急处理通常分为两个步骤，即防护与处置。

下面将从液体泄漏气体泄漏及放射性同位素泄漏的处理3个方面入手，简述化学品泄漏后应及处理的步骤。

a. 液体泄漏。

应该将防患于未然放在首位，采取以下措施是极其重要的。

Ⅰ. 实验室存储试剂、溶剂和液体中间体要有防泄漏托盘或托盆，这是二次防泄漏的方法。一旦发现泄漏马上切断火源，这对化学品的泄漏处理特别重要；如果泄漏物是易燃品，则必须立即消除泄漏污染区域内的各种火源。

Ⅱ. 每个实验室、至少每个楼层应该配备一个防泄漏应急箱，内装吸附棉、活性炭口罩、防护眼镜和丁腈橡胶手套。

Ⅲ. 液体容器的放置要规范，不能放在可能会被人碰翻或碰倒掉落的地方。

参加泄漏处理人员应对泄漏品的化学性质和反应特征要有充分地了解，要在高处和上风处进行处理，严禁单独行动，要有监护人。必要时要用水枪（喷雾状水）掩护。要根据泄漏品的性质和毒物接触形式，选择适当的防护用品，防止事故处理过程中发生人员伤亡、中毒事故。

b. 气体泄漏。

Ⅰ. 处理事故时必备条件：在处理时首先应知晓泄漏物质的特性，采取对应的个人防护措施。如果发生低毒气体泄漏，现场应急处理人员处理事故时，必须佩戴防毒面具、手套、长袖工作服等防护用品；对于高毒或剧毒气体，必须使用隔离式正压呼吸器；即使无毒的氮气等气体泄漏，在高浓度时由于缺氧也会使人窒息，所以也必须使用隔离式正压呼吸器。

Ⅱ.打开通风橱的排风,将泄漏的气体储存容器(桶、罐、钢瓶)置于负压的通风橱内,注意风的导向,操作者必须站在(或面向)上风的方向。

Ⅲ.因为气体泄漏可能导致爆炸极限,所以严禁明火,使用防爆工具,严禁铁器敲击。

Ⅳ.不能打开窗户透风,否则有害气体会通过门隙流出肇事实验室,进入走廊而殃及其他实验室和办公室等区域,只能打开该实验室的所有排风(注意爆炸极限和电火花)。

Ⅴ.抢险人员必须有两人以上。抢险人员进入实验室时,实验室外必须有人观望,以便室内人员出现危急时紧急呼救和提供施救。

Ⅵ.通过关闭有关阀门、停止作业等方法控制泄漏源,制止进一步泄漏。反应瓶(釜)或气管阀门发生泄漏时,首先由现场操作人员对泄漏物料介质及泄漏点进行判断,然后采取不同的措施。

i.反应釜法兰泄漏,跑料量少,操作人员穿戴好防护用品后对泄漏处进行紧固,同时对泄漏物料进行稀释处理,清理现场。

ii.反应瓶、管路、分阀发生溢喷,应迅速关闭总阀或上游阀门,切断气体物料输送。若危险或剧毒品发生大量泄露,气体大量散发,同时多处着火,局面失控,随时有爆炸危险,应立即撤离现场,并拨119报警。

Ⅶ.特殊气体实验室一般有三类气体钢瓶,如果发生泄漏,需要分别对待。

i.氯气、氯化氢、硫化氢、二氧化硫等酸性毒性气体钢瓶。平日要备一个装有半桶水的大桶、备用颗粒状固体烧碱和搅拌木棍。一旦这些气体钢瓶发生泄漏,阀门关闭不严,应关闭大楼内所有送、排风系统,并立即将钢瓶倒过来,放入装有水的桶内,随后倒入固体烧碱,用木棍搅拌几分钟至全部溶解,中和泄漏的有毒气体。应急处理人员操作时必须佩戴好正压呼吸器，穿防酸服。

ii. 乙炔、丙炔、乙烯等易燃气体钢瓶发生泄漏，应急处理人员需戴自给正压式呼吸器。因为易燃气体浓度可能达到爆炸极限，须穿防静电服（非化纤或毛衣制品）进入现场施救，不要对电源进行任何操作，以防爆炸，如果排风开着，就任其开着，加强通风稀释，防止可燃气体聚集。

iii. 碱性液氨泄漏的处置。将泄漏（如关闭不严等情况）的钢瓶倒过来放入备有水的桶中，加酸中和。施救人员必须戴好护目镜或面罩、浸塑手套，并穿好长袖工作服，必要时戴好正压式呼吸器；如果发生大量泄漏，所有人员必须立即撤离现场，周围区域禁止人员入内。

c. 放射性同位素泄漏。

Ⅰ. 辐射事故是指放射性同位素和射线装置在使用、运输、处置等过程中，由于管理失误或操作不当等原因，发生放射源泄漏、溅出、失控、冲料、丢失和被盗等而引起的放射性泄漏污染事故，导致工作人员、公众受到意外的、非自愿的异常照射。

Ⅱ. 当出现或发现放射性同位素泄漏或失控等事故时，当事人员要立即采取隔离措施，明确标示被污染区域，严禁无关人员进入该区域。并随即告之实验室负责人和辐射安全管理人员，同时启动辐射事故应急预案。应急预案包括以下内容：

i. 当涉及放射性物质泄漏污染的事故出现时，务必牢记，生命救助总是在去污和其他事情之前进行。

ii. 由有资质的放射性同位素实验室人员立即疏散与事故处理无关的人员，保护事故现场；切断一切可能扩大污染的环节，穿戴好个人防护设备（防护帽、含铅护目镜、护颈、防护服、防护鞋和手套等），迅速开展检测，严防对食物、禽畜及水源的污染。

iii. 对可能受到放射性污染或辐射伤害的人员，立即采取暂时隔离和应急救援措施，在采取有效个人安全防护措施的情况下，对人员去污，并根据需要呼叫救护车，实施其他医疗救治及处理措施。

iv. 迅速确定放射源的种类、活度、污染范围和污染程度，并向政府环境保护主管部门、公安部门等相关主管部门报告。

v. 对于溅出泄漏的放射性同位素，要由有资质的放射性同位素实验室人员清除污染，整治环境。如果本实验室人员无法处理，则尽量保持现场封闭，等待法规部门专业技术人员清除污物，在污染现场达到安全水平以前，不得解除封锁。

尽快用吸收材料覆盖溅出物，并且尽可能地覆盖完全，防止扩散。局限污染物之后，由外向内清除溅出物，不要来回擦拭或采用随意的方式擦拭。

如果要离开污染区域，应脱掉手套、鞋和实验服，并在离开实验室前将其作为放射性废物进行隔离；在脱掉防护服后彻底清洗。

vi. 发生放射源丢失和被盗事故时，由放射性同位素实验室组织人员保护好现场，并认真配合公安、环保部门进行调查、侦破。不得故意破坏事故现场、毁灭证据。

vii. 当发生火灾和爆炸，同时又涉及放射性物质时，除了参照本章火灾、爆炸应急响应进行处理，还需要在电话报警时说明放射性物质的情况，另外要拉下所有的通风橱并关闭通风系统，撤离现场时要脱掉手套、防污鞋和防护服，彻底冲洗可能受污染的皮肤。对于皮肤，不需要用力擦洗，使用冷水和温和洗涤剂清洗 5 ～ 10 min，对于表面伤口用冷水冲洗彻底后用消过毒的敷料包裹。

viii. 提交事故报告。当放射性同位素实验室出现国家法规中所规定的泄漏事故时，需要向政府环境保护主管部门、公安部门等相关主管部门出具报告，事故报告需要在 2 小时内完成。

（4）化学品接触感染、中毒及外伤等应急响应

①化学品接触感染及急性化学中毒。

a.在化学品接触感染及急性化学中毒的现场急救中，了解该有害物的性质和进行初步处理是十分重要的。及时正确的现场急救可挽救许多危重患者的生命，减轻其中毒程度，防止并发症，争取时间，为进一步的治疗创造条件。

b.立即切断泄漏源或暴露源，防止继续伤害人，并设立必要的警戒区。

c.化学中毒的 3 条途径和送医前常用的基本急救应对措施。

Ⅰ.通过呼吸道吸入有毒的气体、粉尘、烟雾或气溶胶而中毒。

以最快的速度了解化学品接触感染及急性化学中毒的原因，参加救护者必须首先做好个人防护，佩戴合适的个人防护用品。例如，对于剧毒或毒物浓度大的空间，需要佩戴正压呼吸器，或视现场具体情况佩戴防毒面具或用湿毛巾掩捂口鼻（短时间紧急运用）。

呼吸系统轻度中毒时，应使中毒者撤离现场，只要把中毒者移到空气新鲜的地方，解松衣服，安静休息即可，清醒者会较快恢复正常。必要时可吸入氧气，但切记不要随便施行人工呼吸。例如，发生氯气中毒时，可吸入少量乙醇和乙醚的混合蒸气，使之解毒，禁忌施行人工呼吸，但若发生休克昏迷、呼吸微弱或已停止，应即刻给患者吸入氧气及实施人工呼吸，并立即送医院治疗。

Ⅱ.通过消化道误服而中毒。

消化道误服中毒首先要搞清楚是什么毒物，了解了毒物的性质才能对症处理。一般方法是立即洗胃，常用的洗胃液有食

盐水、肥皂水、3% ～ 5% 的碳酸氢钠溶液，边洗边催吐，洗到基本没有毒物后服用生鸡蛋清、牛奶、面汤等解毒剂。另外，服用润湿的活性炭，对任何毒物中毒都有解毒作用。

催吐的方法有多种。例如，用压迫舌根的方法催吐，或给中毒者服催吐剂——肥皂水，以及把 5 ～ 10 mL 2% 的硫酸铜溶液加入一杯温水中服用，并将干净手指伸入喉部，引起呕吐。神志不清或吸气时有吼声的患者不能催吐，需紧急送医院治疗。

Ⅲ. 通过皮肤接触而中毒。

通过皮肤接触而中毒要分清是腐蚀、过敏还是其他表征，对症处理方法是完全不同的。如果通过皮肤吸收进入血液，再通过血液循环，甚至透过血脑屏障而毒害其他部位，情况就会变得更复杂，所以清除皮肤表面的毒物是非常重要的。

凡是毒物污染皮肤者，应立即脱去污染衣物，用大量清水冲洗；若头、面部被污染，首先注意眼睛的冲洗，用洗眼器冲洗眼睛至少 15 min，一边冲洗眼部一边冲淋，必要时应尽快到附近医院就医。

Ⅳ. 当中毒较严重，现场无法处理或不了解中毒的情况时，立即报告公司领导及安全部门，紧急救护后迅速护送伤者到医院（必要时拨打 120 联系救护车的支援）；同时通知医院做好急救准备，并向医生说明中毒原因和当时的情况。受害者系接触化学危险物料或潜在感染性物质时，应向医生提供 CSDS 等相关资料。

②外伤的医疗救护。

a. 每个人都需要明白，当实验室个人受到伤害时，恰当的医疗处理、预防及救护是非常重要的，并能有效地防止感染或继续恶化。

b. 急救医药箱和培训。实验室或楼层应该备有急救医药箱（First-aid），并由有资质的医务人员针对实验室常出现的伤害进行相关急救培训。

化学实验室的急救医药箱内所放的常用医药用品 [参考《工业企业设计卫生标准》(GBZ1—2010)] 有以下几种。

Ⅰ.治疗用品：创可贴、药棉、纱布、绷带、剪刀、镊子、压舌板等；

Ⅱ.消毒剂：75% 的酒精、碘酒 (含碘 0.1% ～ 0.2%)、3% 的过氧化氢溶液、酒精棉球；

Ⅲ.氰化钠（钾）解毒剂：亚硝酸异戊酯；

Ⅳ.烫伤药：玉树油、蓝油烃、烫伤膏、凡士林；

Ⅴ.创伤药：红药水、龙胆汁、消炎粉；

Ⅵ.化学灼伤药：应对酸伤的饱和碳酸氢钠溶液和稀氨水，应对碱伤的 3% 的硼酸和 2% 的乙酸；

Ⅶ.催吐药：2% 的硫酸铜溶液。

c.玻璃割伤、刺伤、擦伤或扭伤骨折。受伤人员应直接压迫损伤部位进行止血，清洗受伤部位，挑出玻璃碎片，然后涂红药水或紫药水，撒上消炎粉，必要时用纱布包扎。若伤口较大或过深而大量出血，应迅速在伤口上部和下部扎紧血管止血，严重时采取止血包扎措施，送往医院诊治。骨折时用夹板固定包扎，移动护送时应平躺，防止弯折，送医院救治。

安全操作常识：切割及截断玻璃管（棒）、进行瓶塞打孔时，易造成割伤，要用布包裹住玻璃管再折断；紧固或拆卸玻璃元件有困难时，要戴纱布手套或用抹布包住再操作；往玻璃管上套橡胶管时，要用水或甘油湿润玻璃管外壁和塞内孔，并戴好纱布手套或用抹布包住再操作，以防玻璃破碎割伤手部。

d.烫伤。立即用水冲洗. 也不要把烫的水泡挑破，在烫伤处抹上黄色的苦味酸溶液或高锰酸钾溶液；再擦上凡士林、烫伤膏或万花油。被火烧伤时，在现场立刻进行冷却处理，在送医前. 用 15 ℃左右的冷却水连续冷却，并采用氯已定（洗必泰，一种消毒剂）进行消毒。最后，在伤处涂上烫伤药；发生大面积烧伤时，在应急处理的同时立刻送医院治疗。

e. 冻伤。将冻伤部位放入 35 ～ 40 ℃的热水中浸 30 min 左右，待恢复到正常温度后，将冻伤部位抬高，不需包扎；严重情况需送医院治疗。

f. 酸伤。先用水冲洗，然后用饱和碳酸氢钠溶液或稀氨水冲洗，再用水冲洗，最后搽上油膏或凡士林。酚伤和溴伤可先用大量水冲洗，再用 70% 的酒精洗涤，包扎。

g. 碱伤。高浓度碱（如氢氧化钠、氢氧化钾）对皮肤的腐蚀性伤害往往比高浓度酸的腐蚀性伤害来得快，而且严重得多。应先用大量水冲洗，然后用柠檬酸、乙酸溶液或硼酸饱和溶液冲洗，再涂上凡士林。

③冲淋器和洗眼器。

在实验室外的 15 m 内需要配备冲淋器和双头洗眼器。实验室内的水池上还应配备洗眼器，洗眼器连有可伸缩的软管，使用时需要拉出。实践证明，受害当事人一般无法使用洗眼器，因为他 (她) 遇上水会不自觉地闭上眼，不睁开，如果一睁一闭，眼内的异物被反复捻搓或翻滚，反而会使眼球或眼膜破损，伤势加重。欧洲一些高校化学实验室的安全培训规定值得推广：使用洗眼器时，一旁的同事用双手强制性地翻开伤者的上下眼皮，一旦翻开，15 min 内不能使其合上，另一位同事立即拿洗眼器，对准眼部冲洗至少 15 min。伤者如有不自觉的抵触 (能有坚强毅力配合的不多)，特别是想合眼或眨眼，或抓住你的手想使劲推开，甚至大喊大叫或流泪时，一旁的同事一定要强制性地控制住，使其不能动。当眼睛内有异物，如碎玻璃等时，要用小镊子耐心地夹掉，确保清楚、干净、无任何遗漏后才能合上眼皮，并视情况决定是否立即送医院。

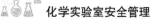

6. 灭火原则与措施

在火灾发展过程中，初期阶段是火灾扑救最有利的阶段，将火灾控制在初期阶段，就能赢得灭火的主动权，减少人身伤亡和财产损失。

在扑救初期火灾时，必须遵循先控制后消灭、救人第一、集中人力、先重点后一般的原则。

①先控制后消灭是指对于不能立即扑救的火灾，要首先控制火势的继续蔓延和扩大，在具备扑灭火灾的条件时，展开全面扑救，一举扑灭。

②救人第一是指火场中如果有人受到火势的围困时，应急人员或消防人员的首要任务就是把受困人员从火场中抢救出来，在运用这一原则时可视情况，救人与救火同时进行，以救火保证救人的展开，通过灭火，更好地救人脱险。

③集中人力是指现场灭火负责人要按照灭火预案把灭火力量集中于火场的中心，将灭火器材集中使用，以便在最短时间内灭火。

④先重点后一般是指在扑救初期火灾时，要全面了解火场情况，区别重点与一般：人和物相比，人是重点；贵重物资和一般物资相比，贵重物资是重点；火场上风方向和下风方向相比，下风方向是重点；要害部位和其他部位相比，要害部位是重点；有爆炸、毒害、倒塌危险的区域和普通区域相比，有爆炸、毒害、倒塌危险的区域是重点；可燃物集中区域和可燃物较少的区域相比，可燃物集中区域是重点。

扑救初期火灾比较容易，扑救的基本对策与原则是一致的，无论是义务消防人员，还是专职消防人员，要做到及时控制和扑灭初期火灾，主要是依靠现场人员和义务消防员，因为他们对现场的情况最了解、最熟悉；只要方法得当，扑救及时，合理正确地使用灭火器材，就能有效地控制和扑灭初期火灾，减少损失。

7. 灭火措施

物质燃烧必须同时具备 3 个条件（可燃物、助燃气体、火源或潜火源），这 3 个条件缺一不可，因而破坏已经产生的燃烧条件就成为灭火的基本途径。另外，还可以根据火灾现场物质燃烧的性质而采取的灭火措施。

根据物质燃烧的原理，可把灭火的基本方法归纳为 4 种，即冷却灭火法、窒息灭火法、隔离灭火法和抑制灭火法。

（1）冷却灭火法

冷却灭火法就是将灭火剂直接喷洒在可燃物体上，将可燃物的温度降低到物质的燃点以下，使之停止燃烧，这是一种常见的灭火方法。灭火剂主要是水，一般物质燃烧都可以用水来冷却灭火。火场上除了用冷却方法直接灭火外，还可以用水冷却尚未燃烧的可燃物质，防止其达到燃点而燃烧。也可以用水冷却建筑物件、生产装置或容器，以防止其受热变形或发生爆炸。

（2）窒息灭火法

窒息灭火法即采取适当的措施，阻止空气、氧气进入燃烧区或用惰性气体稀释空气中的氧含量，使燃烧物质缺乏或断绝氧气而熄灭。这种方法适用于扑救封闭式的空间、生产设备装置和容器内的火灾。具体操作如下：

①采用灭火毯、消防沙等不燃或难燃材料覆盖燃烧物；

②对于容器内着火，直接用容器的盖子封好容器口；

③利用建筑物上原有的门窗及生产储运设备上的部件来封闭燃烧区，阻止新鲜空气进入。

（3）隔离灭火法

隔离灭火法是将燃烧物与附近可燃物隔离或将其疏散到安全地点，从而使燃烧停止。这种方法适用于扑救各种固体、液体、气体和电器火灾，进行隔离灭火的措施有很多，具体如下：

①将火源附近的易燃、易爆物质转移到安全地点；

②关闭设备或管道上的阀门，阻止可燃气体、液体流入燃烧区；

③排除生产装置、容器内的可燃气体、液体；

④阻止、疏散可燃液体或扩散的可燃气体；

⑤排除与火源相连的易燃建筑结构，制造阻止火势蔓延的空间地带。

（4）抑制灭火法

抑制灭火法是将化学灭火剂喷入燃烧区参与燃烧反应，终止燃烧链反应而使燃烧反应停止。采用此法可使用配备的干粉、二氧化碳灭火器，要有足够的灭火剂喷射在燃烧区，使灭火剂参与阻止燃烧反应，一鼓作气将其扑灭，在采取阻燃措施时，同时要采取必要的冷却降温措施，防止复燃。

具体采取什么方法灭火，应根据燃烧物质状态、燃烧特点、火场情况，以及灭火器材装备的性能来确定。

8. 常见火情、火灾的处置

（1）可燃、易燃、易爆气体火灾的处置

①临时设置现场警戒范围，禁止一切无关人员进入现场；

②在泄露范围区域内禁止使用各种明火，关闭所有电源；

③注意防止静电的产生，以防引燃可燃、易爆气体；

④使用有效的灭火剂或土、沙掩埋，防止可燃、易爆气体的流散；

⑤发生在室内的泄漏事故，要采取积极的通风措施，防止发生火灾或爆炸事故；

⑥在采取一定措施的同时，及时报警。

（2）可燃、易燃、易爆固体或有机液体火灾的处置

①对于金属钾、钠、锂和易燃的铝粉、锰粉等固体着火，

千万不可用水扑救。因为它们会与水反应生成大量可燃性气体——氢气，不但如同火上浇油，而且极易发生爆炸。

②除了二氧化碳或干粉灭火器、灭火毯、黄沙外，水溶性的醇、酮类（甲醇、乙醇、丙酮等），可视火情用水稀释，能起到灭火的作用。

③密度小于水的水不溶性有机易燃液体着火后不宜用水扑救，因为着火的易燃体会漂在水面上，到处流淌，形成流淌火，反而扩大事故范围，造成火势蔓延和更大损失。因此只能用：氧化碳或干粉火火器、灭火毯、黄沙等。

④格氏试剂、烷基锂等有机金属试剂，以及硼烷等遇湿易燃液体，只能用二氧化碳或干粉灭火器、灭火毯、黄沙等处理。

（3）容器内溶剂火灾的处置

①容器内溶剂发生火灾后，不要惊慌失措，最简便的方法是用盖子或灭火毯；

②或视情况选用合适灭火器材灭火，同时按照报警程序报警；

③防止溶剂喷溅伤人。

（4）电器、电缆火灾的处置

①迅速切断电源，一时找不到总闸时，要用专用工具剪断单相电线。

②遇到电线落地情形时，要划定危险区域并有专人看管，以免发生触电伤亡。

③电器设备失火不能用水来扑救，一是水能导电，容易造成电器设备短路烧毁；二是电流容易沿水传到其他器材上，造成现场人员触电伤亡。可使用二氧化碳或干粉灭火器。

④禁止无关人员进入火灾现场。

（5）通风橱内的火灾

通风橱内是靠排风造成负压环境，空气由橱外向橱内做单

149

向流动，这样橱内有毒、有害气体无法溢出橱外而伤害操作人员。当通风橱内发生火灾时，单向快速流动的空气会使得橱内的火越烧越旺，加剧火灾的严重性。

①切断排风机的电源，使橱内外的空气不再发生单向流动。实践证明，不关排风机的电源，源源不断的空气使得火焰越烧越旺，灭火难度非常大，因为灭火器的惰性气体会很快被源源不断的空气置换。

②要打开通风橱门，以便灭火器的惰性气体到达通风橱内的火区上空。实践证明，紧闭通风橱既无助于火的熄灭，更不能使灭火器发挥应有的作用。

9. 应急疏散

火灾发生后，除了按照灭火程序进行灭火外，紧急情况下还要疏散人员和物资。

（1）人员疏散

①疏散人员的工作要有秩序，服从指挥人员和按疏导人员的要求进行疏散。做到不惊慌失措，勿混乱、拥挤，减少无谓的人员踩踏伤亡。

②疏散要有顺序。疏散应按先着火层、后以上各层、再下层的顺序进行。

③疏散过程中，如果是楼层，禁止使用普通电梯，要徒步走安全通道和楼梯。

（2）物资财产疏散

①对于可能扩大火势和有爆炸危险的物资，性质重要、价值昂贵的物资，以及能影响灭火工作的物资应予以疏散。

②应紧急疏散的物资是易燃、易爆和有毒的物品；档案资料；贵重的仪器、仪表；妨碍灭火的物资。

③在组织、指挥人员抢救、疏散物资时，要有专人负责，使整个疏散工作有条不紊。疏散物资时，应首先疏散受火威胁

最大的物资，疏散的物资要放在安全的地方，不要堵塞扑救火灾的通道，并做好相应的保护工作，防止这些物资的丢失和损坏。

10. 火场自救

（1）火场自救的方法

①一旦在火场上发现或意识到自己可能被烟火围困，生命安全受到威胁时，要立即放弃手中的工作，争分夺秒设法脱险。首先迅速做些必要的防护准备（例如，穿上防护服或质地较厚的衣物，用水将身上浇湿等），然后尽快离开危险区域，切不可延误逃生良机。

②逃生时，应尽量观察判别火势情况，明确自己所处环境的危险程度，以便采取相应措施。

③探明疏散通道是否被烟火封堵，选择一条最为安全可靠的路线。如果逃生必经路线充满烟雾，可做简单防护（例如，用湿毛巾或口罩捂住口、鼻）穿过烟雾区。

④选择逃生路线时，应根据着火情况，优先选用最简单、最近、最安全的通道。

⑤如果正常通道均被烟火切断时，可将绳子或衣物裤带等连接起来，用水浸湿，拴在牢固的物体上，顺绳下到安全楼层或地面上。

⑥如果处于二层楼的高度，在等不到救援而万不得已的情况下，有时也可以跳楼逃生。但跳楼之前，地面人员可垫一些柔软物品，然后被困人员用手扒住窗台，身体下垂，自然落下。

⑦在各种通道均被切断，火势较大，一时又无人救援的情况下，可以退至未燃烧房间，关闭门窗；还可以用衣物等将门窗遮挡，防止烟雾蹿入。有条件时，要不断向门窗上泼水降温，延缓火势蔓延，等待救援。尽可能挥动醒目物或呼喊，让救援人员知晓。

（2）火场自救应注意的细节

①在室内发现外部起火时，开启房门前，应先触摸门板，如果发热或有烟气从门缝蹿入时，不要贸然开门，应缓慢开启，或设法从其他出口逃脱。必须开门时，要在一侧利用门扇等物品做掩护，防止被烟气熏倒或被热浪灼伤。

②逃生时，要随手关闭通道上的门窗，延缓烟雾沿人们逃离的通道流通。通过浓烟区时，最好以低姿势前进或匍匐前进，并用湿毛巾捂住口、鼻。

③呼救时，除大声呼喊外，还应挥动鲜艳醒目的物品，夜间还可以用手电筒等发光信号或敲击金属等物品，以引起其他人员的注意。有条件的应通过各种通信工具按报火警程序报警。

④如果身上的衣服着火，应迅速将衣服脱下、撕下或就地翻滚，将火压灭。但应注意不要滚动过快，一定不要身穿着火的衣服跑动。

四、应急疏散和演练

应急疏散也称逃生，其是减少人员伤亡的关键，也是彻底的应急响应。

1. 应急疏散演练

应加强员工的安全应急意识，使他们提高警惕，保持头脑清醒，真正熟悉自己所在环境和工作场所突发事件的安全通道、安全出口和按安全出口标志逃生，对于逃生路线和自救方式做到熟知于心，提高员工防灾、抗灾的自我救护能力，最大限度减少事故所造成的人员伤亡及财产损失。在正常情况下，公司每年至少举办一次集体应急疏散演练。

（1）演练的组织

应当预先对紧急疏散的演练进行策划，包括对预防性疏散的准备，对疏散的区域、疏散的距离、疏散的路线、疏散的运输工具、秒表、担架、医药救护、正压呼吸器、安全集合点及排队点名等做出详细的规定和准备。并应考虑疏散的人数、最短距离、风向风速等条件的变化等问题。

紧急疏散演练的组织要点：按警铃；撤退有序；集合排队；点名；解除警报后回楼。

为了防止演练出现意外，如在实验室空无一人的情况下突发的反应冲料、爆炸、起火等事故发生，要提早通知公安消防部门，以求能派消防车在演练地待命，最好还能获得技术上的指导。

计算整个楼层的整体疏散时间是从警报铃响起到最后一名离开为止，1 min 之内为优秀，2 min 之内为合格。到规定时间（可定 3 min）后，迅速检查每个楼层内是否有人逗留，若有，可视为"潜在遇难人员"，并在演练结束后予以通告批评，记入个人和该部门的消防考核成绩台账；还可以结合灭火训练进行综合演习。

（2）个人素质的提高

以往许多事实表明，突然发生爆炸、大火降临、烟气弥漫或毒气泄漏等事故时，在众多被困的人员中，有的命赴黄泉、有的跳楼丧生或造成终生残疾；也有人能死里逃生、化险为夷。这固然与突发事故的性质、时间、地点、事故严重程度、建筑物内消防设施等因素有关，但被困人员在灾难临头时有没有灵活应对的技能和逃生的本领也至关重要。

①学会消防的基本技能。

每位员工都要熟悉各种消防用品等应急器材的特性，并能熟练掌握它们的使用方法，经常性地参加灭火培训，熟知所在区域的消防器材和救护器材，如灭火器材的种类、位置、数量和使用方法，以便在火灾初期就能积极主动并及时灭火，不至于遇事慌张，贻误时机而酿成大祸。

②要有灾难意识。

每个人都要对自己的办公室、实验室、安全通道、所在建筑物的环境、路径、消防安全环境、洗眼器和冲淋器的分布等熟悉了解，牢记于心。积极认真参加每次的应急疏散演练，盘算好详细的逃生计划，对逃生出口、路线和方法，都要熟悉掌握。要留心哪些是防火门、安全出口在哪里，这样在发生意外时，不至于惊慌失措，便于迅速理智地确定逃生路线，头脑清醒地快速逃离火灾等事故现场。

2. 紧急逃生方法

①着火时，切忌慌张乱跑，应冷静看清着火方向，在狭窄通道不要拥挤，下楼时须按楼层次序，快速行动，切勿拥挤推搡、盲从，更不要来回跑动以防止踩踏发生，造成群死群伤。在逃生过程中如果看见前面的人倒下去了，应立即扶起，对拥挤的人应给予疏导或选择其他疏散方法予以分流，必要时可损坏门窗等物逃生，减轻单一疏散通道的压力。

②火场逃生是争分夺秒的行动。一旦听到火灾警报或意识到自己可能被烟火等危机情况包围，不可马上钻入橱柜、办公桌下或阁楼等角落中躲避，这些地方一般都是紧急情况中最危险的地方，而且又不易被救援人员发觉，因此难以及时获得营救（除非所在区域四周全被火封锁），这与地震的情况相反。发生严重火灾时最重要的是尽快脱险，不要过多顾及实验损失。如果初期火灾火势较小，只要迅速跑出房间，是可以安全逃生的，甚至视情况可以尽快（几秒钟时间）做一些诸如拔除电插头等简单应急操作。

③火灾发生时，怎样开门关门是需要果断做出正确选择的。如果你发觉楼内发生火灾，切忌立刻开门，有的人惊慌失措，在逃生时往往不假思索，直接打开门，可是刚刚冲进楼道很快就倒地不起，这是烟气熏呛的结果。而有的人很冷静，

透过玻璃窗户或门缝观察外面的火情，如果没有玻璃窗户或门缝，可先用手触摸门板，如果门和门把手是热或烫的，说明外面过道已充满了高温火焰和热气，已很难通过楼道逃生了。此时，千万不能开门，可用冷水不断对门进行冷却，这样紧闭的门可暂时挡住火焰和浓烟，使你有更多的时间等待消防人员来救援。有条件的，应该结好绳索从窗口或阳台逃生或向窗外呼救。如果门不烫，你也要小心开门，可站在门板后面，轻轻开启缝隙，要是从门缝中蹿进火焰或烟气，必须赶快关紧门，跑到窗口或阳台，另寻逃生办法。假如楼道没被烟气或火焰阻隔，可以通过楼道逃生。逃离时要随手将门关牢，这样可以避免空气对流，延缓火势和浓烟的蔓延，从而降低火灾损失，同时间接控制火势发展，给逃生争取时间。

④如果火灾中的烟尘和热气较多，逃生时可把毛巾浸湿，叠起来捂住口鼻，无水时，干毛巾也可。身边如果没有毛巾，餐巾布、口罩、衣服也可以代替。要多折叠几层，将口鼻捂严，以提高滤烟效果。穿越烟雾区时，即使感到呼吸困难，也不能将毛巾从口鼻上拿开。也可利用身边的灭火器、消火栓等向疏散方向喷射灭火剂，打开一条通道而逃生。

⑤高层楼房着火时，应根据火势情况，优先选用疏散楼梯、消防电梯（一般商用电梯不可以乘坐）、室外疏散楼梯等。穿过浓烟弥漫或突然断电的建筑物通道时，可向头部、身上浇些凉水，用湿衣服、湿床单、湿毛毯等将身体裹好，要低姿势、沿着墙壁摸索前进，快速穿过危险区域。尽量不采用匍匐前进，以免贻误逃生时机。

⑥若无其他救生器材，可自制器材，滑绳自救逃生。例如，迅速利用身边的绳索或多股电线，或者将窗帘或衣服等撕成条，打结连接成绳，用水沾湿，然后将其拴在牢固的管道或窗框上，通过建筑物的窗户、阳台、屋顶、避雷针、落水管

155

等，逐个顺绳索沿墙缓慢滑到地面或下到未着火的楼层而脱离险境。

⑦人身上着火，大多是衣服、鞋帽先烧着，千万不要惊慌失措，惊跑拍打。因为人在奔跑时会形成一阵风，着火的衣服得到充足的空气供应，火借风势迅猛燃烧，加重人体灼伤；同时，人在此时乱跑，势必将火种带到经过的地方，引起新的燃烧点，扩大火势。应立即将燃烧的衣物脱掉，尽快将火熄灭；如果来不及脱衣，也可就地滚动，将火压灭；如果附近有喷淋器，可迅速扳开开关灭火。如果有其他人在场，可帮忙将衣服扯下来把火灭掉，向他身上淋水，并视情况严重性酌情用灭火器帮助灭火。

⑧若逃生之路被火封锁，可利用设在电梯、走廊末端及卫生间附近的避难间，躲避烟火的危害。若没有合适的避难处，应立即退回室内，关闭迎火的门窗，打开背火的门窗，用水浸湿抹布、衣物、草纸等堵住缝隙；同时，被烟火围困、暂时无法逃离的人员，应尽量站到窗口等易被发现和能避烟火近身处，向窗外晃动鲜艳的衣物、呼叫或外抛轻型晃眼的东西，以引起救援人员的注意。

⑨火灾时浓烟或有害气体的危害是很大的。有人做过统计，火灾中被浓烟熏死、呛死的人是烧死者的 4～5 倍。在火灾中，被"烧死"的人实际上是烟气中毒窒息死亡，或先烟气中毒之后又遭火烧的。浓烟致人死亡的主要原因是一氧化碳中毒。在空气中一氧化碳浓度达 1.3%（体积分数，下同）时，人吸上两三口气就会失去知觉，呼吸 13 min 就会导致死亡；而常用的建筑材料燃烧时所产生的烟气中，由于不能完全燃烧而产生的一氧化碳含量高达 2.5%。此外，火灾中的烟气里还含有大量的二氧化碳。在正常的情况下，二氧化碳在空气中约占 0.03%（体积分数，下同）；当其浓度达到 2% 时，人就会感到呼吸困

难；达到 6%～7% 时，人就会窒息死亡。另外还有一些有机试剂和中间体燃烧时能产生剧毒气体，对人的威胁更大。有关专家经过多年研究表明，烟比火跑得快，火没到烟却先到，烟的蔓延速度超过火的 5 倍。烟气的流动方向就是火势蔓延的途径。温度极高的浓烟在 2 min 内就可形成烈火，而且对相距很远的人也能构成威胁，火没到就有人因烟致死了。在美国的一次高层建筑火灾中发现，虽然大火只烧到 5 层，但由于浓烟升腾，21 层楼上也有人窒息死亡了。此外，由于烟的出现，严重影响了人们的视线，使人看不清逃离的方向而陷入困境。

⑩烟火上行，人要下行。尽量不要往楼上跑，火灾降临，烟火上升，楼顶烟雾缭绕，如果灾情特别严重，人处楼顶就再无脱身之处，可能属于绝路。如果是在离楼顶很近的楼层，局部失火，又处上风处，才可能考虑在楼顶上风处避难。

从烟火中出逃，如果烟不太浓，可俯下身子快速行走，以争取时间逃脱；若为浓烟，须四肢爬行或匍匐前进，在贴近地面 30 cm 的空气层中，烟雾相对较为稀薄。

编者：周晓伟、刘征宙

附录 1 相关法律法规及标准信息等汇总

法律

《中华人民共和国安全生产法》

《中华人民共和国消防法》

《中华人民共和国职业病防治法》

行政法规

《危险化学品安全综合治理方案》

《危险化学品安全管理条例》

《生产经营单位安全培训规定》

《易制毒化学品管理条例》

《药品类易制毒化学品管理办法》

《危险化学品重大危险源监督管理暂行规定》

《危险化学品目录（2015 版）》

《危险化学品目录（2015 版）实施指南（试行）》

《危险化学品生产、储存装置个人可接受风险标准和社会可接受风险标准（试行）》

《危险化学品经营许可证管理办法》

《危险化学品安全使用许可证实施办法》

《化学品物理危险性鉴定与分类管理办法》

《化工（危险化学品）企业保障生产安全十条规定》

《企业安全生产风险公告六条规定》

《重点监管的危险化学品安全措施和应急处置原则》（2013 年完整版）

《生产安全事故应急预案管理办法》

《中华人民共和国工业产品生产许可证管理条例》

《中华人民共和国工业产品生产许可证管理条例实施办法》

《危险化学品从业单位安全生产标准化评审标准》

《用人单位职业病危害防治八条规定》

《企业安全生产标准化评审工作管理办法（试行）》

《工业产品生产许可证实施细则管理规定》

《危险化学品建设项目安全设施设计专篇编制导则》

《危险化学品使用量的数量标准（2013 年版）》

地方法规

《上海市禁止、限制和控制危险化学品目录》（第三批第一版）

《上海市安全监管局关于进一步加强危险化学品仓储安全管理工作的通知》（沪安监危化〔2016〕27 号）

《上海市危险化学品储存经营企业定置管理规程（试行）》

《上海市危险化学品安全管理办法》（沪府令〔2016〕44 号）

国家标准

GB/T 16483—2008《化学品安全技术说明书内容和项目顺序》

GB/T 17519—2013《化学品安全技术说明书编写指南》

GB/T 24777—2009《化学品理化及其危险性检测实验室安全要求》

GB/T 22233—2008《化学品潜在危险性相关标准术语》

GB/T 23955—2009《化学品命名　通则》

GB 15258—2009《化学品安全标签编写规定》

GB 6944—2012《危险货物分类和品名编号》

GB 30000—2013《化学品分类和标签规范》

GB 13690—2009《化学品分类和危险性公示　通则》

GB 20591—2006《化学品分类、警示标签和警示性说明安全规范 有机过氧化物》

GB/T 15098—2008《危险货物运输包装类别划分方法》

GB/T 9174—2008《一般货物运输包装通用技术条件》

GB 12463—2009《危险货物运输包装通用技术条件》

GB 19521.1—2004《易燃固体危险货物危险特性检验安全规范》

GB 19452—2004《氧化性危险货物危险特性检验安全规范》

GB 15603—1995《常用化学危险品贮存　通则》

GB 50016—2014《建筑设计防火规范》

GB 50046—2008《工业建筑防腐蚀设计规范》

GB 17914—2013《易燃易爆性商品储存养护技术条件》

GB 17915—2013《腐蚀性商品储存养护技术条件》

GB 17916—2013《毒害性商品储存养护技术条件》

GB 50058—2014《爆炸危险环境电力装置设计规范》

GB 12268—2005《危险货物品名表》

GB 19359—2009《铁路运输危险货物包装检验安全规范》

GB 19269—2009《公路运输危险货物包装检验安全规范》

GB 19781—2005《医学实验室——安全要求》

GB 50346—2011《生物安全实验室建筑技术规范》

GB 19489—2008《实验室 生物安全通用要求》

GB/T 32146.1—2015《检验检测实验室设计与建设技术要求　第1部分：通用要求》

GB/T 32146.2—2015《检验检测实验室设计与建设技术要求　第2部分：电气实验室》

GB/T 31190—2014《实验室废弃化学品收集技术规范》

GB/T 27476.1—2014《检测实验室安全　第1部分：总则》

GB/T 27476.2—2014《检测实验室安全　第2部分：电气因素》

GB/T 27476.3—2014《检测实验室安全　第 3 部分：机械因素》

GB/T 27476.4—2014《检测实验室安全　第 4 部分：非电离辐射因素》

GB/T 27476.5—2014《检测实验室安全　第 5 部分：化学因素》

GB/T 24820—2009《实验室家具通用技术条件》

规范

AQ 3035—2010《危险化学品重大危险源安全监控通用技术规范》

AQ/T 3052—2015《危险化学品事故应急救援指挥导则》

AQ/T 3049—2013《危险与可操作性分析（HAZOP 分析）应用导则》

AQ/T 9008—2012《安全生产应急管理人员培训及考核规范》

AQ 3047—2013《化学品作业场所安全警示标志规范》

AQ/T 3048—2013《化工企业劳动防护用品选用及配备》

AQ/T 4269—2015《工作场所职业病危害因素检测工作规范》

AQ/T 4234—2014《职业病危害监察导则》

AQ/T 4235—2014《作业场所职业卫生检查程序》

AQ/T 4236—2014《职业卫生监管人员现场检查指南》

AQ/T 8008—2013《职业病危害评价通则》

AQ 4224—2012《仓储业防尘防毒技术规范》

AQ/T 3030—2010《危险化学品生产单位安全生产管理人员安全生产培训大纲及考核标准》

AQ/T 3029—2010《危险化学品生产单位主要负责人安全生产培训大纲及考核标准》

AQ/T 3031—2010《危险化学品经营单位主要负责人安全生产培训大纲及考核标准》

AQ/T 3032—2010《危险化学品经营单位安全生产管理人员安全生产培训大纲及考核标准》

AQ 3035—2010《危险化学品重大危险源安全监控通用技术规范》

AQ/T 4206—2010《作业场所职业危害基础信息数据》

AQ/T 4207—2010《作业场所职业危害监管信息系统基础数据结构》

AQ/T 4208—2010《有毒作业场所危害程度分级》

AQ/T 9006—2010《企业安全生产标准化基本规范》

AQ/T 9007—2011《生产安全事故应急演练指南》

AQ/T 4255—2015《制药企业职业危害防护规范》

AQ/T 4270—2015《用人单位职业病危害现状评价技术导则》

AQ/T 9009—2015《生产安全事故应急演练评估规范》

AQ/T 3043—2013《危险化学品应急救援管理人员培训及考核要求》

DB35/T 971—2009《检测实验室安全管理要求》

SN/T 2294.5—2011《检验检疫实验室管理　第5部分：危险化学品安全管理指南》

SN/T 2294.6—2011《检验检疫实验室管理　第6部分：放射源安全管理指南》

SN/T 3592—2013《实验室化学药品和样品处理的标准指南》

SN/T 3509—2013《实验室样品管理指南》

SN/T 3092—2012《实验室应对公共安全事件能力规范》

SN/T 2294.4—2011《检验检疫实验室管理　第4部分：事故处理规程》

SY/T 6563—2003《危险化学试剂使用与管理规定》

附录 2 《危险化学品目录（2015 版）》

危险化学品目录（2015 版）实施指南（试行）

一、《危险化学品目录（2015 版）》（以下简称《目录》）所列化学品是指达到国家、行业、地方和企业的产品标准的危险化学品（国家明令禁止生产、经营、使用的化学品除外）。

二、工业产品的 CAS 号与《目录》所列危险化学品 CAS 号相同时（不论其中文名称是否一致），即可认为是同一危险化学品。

三、企业将《目录》中同一品名的危险化学品在改变物质状态后进行销售的，应取得危险化学品经营许可证。

四、对生产、经营柴油的企业（每批次柴油的闭杯闪点均大于 60 ℃的除外）按危险化学品企业进行管理。

五、主要成分均为列入《目录》的危险化学品，并且主要成分质量比或体积比之和不小于 70% 的混合物（经鉴定不属于危险化学品确定原则的除外），可视其为危险化学品并按危险化学品进行管理，安全监管部门在办理相关安全行政许可时，应注明混合物的商品名称及其主要成分含量。

六、对于主要成分均为列入《目录》的危险化学品，并且主要成分质量比或体积比之和小于 70% 的混合物或危险特性尚未确定的化学品，生产或进口企业应根据《化学品物理危险性鉴定与分类管理办法》（国家安全监管总局令第 60 号）及其他相关规定进行鉴定分类，经过鉴定分类属于危险化学品确定原则的，应根据《危险化学品登记管理办法》（国家安全监管总局令第 53 号）进行危险化学品登记，但不需要办理相关安全行政许可手续。

七、化学品只要满足《目录》中序号第 2828 项闪点判定标准即属于

163

第2828项危险化学品。为方便查阅，危险化学品分类信息表中列举部分品名。其列举的涂料、油漆产品以成膜物为基础确定。例如，条目"酚醛树脂漆（涂料）"，是指以酚醛树脂、改性酚醛树脂等为成膜物的各种油漆涂料。各油漆涂料对应的成膜物详见国家标准《涂料产品分类和命名》（GB/T 2705—2003）。胶粘剂以粘料为基础确定。例如，条目"酚醛树脂类胶粘剂"，是指以酚醛树脂、间苯二酚甲醛树脂等为粘料的各种胶粘剂。各胶粘剂对应的粘料详见国家标准《胶粘剂分类》（GB/T 13553—1996）。

八、危险化学品分类信息表是各级安全监管部门判定危险化学品危险特性的重要依据。各级安全监管部门可根据《指南》中列出的各种危险化学品分类信息，有针对性的指导企业按照其所涉及的危险化学品危险特性采取有效防范措施，加强安全生产工作。

九、危险化学品生产和进口企业要依据危险化学品分类信息表列出的各种危险化学品分类信息，按照《化学品分类和标签规范》系列标准（GB 30000.2—2013 ～ GB 30000.29—2013）及《化学品安全标签编写规定》（GB 15258—2009）等国家标准规范要求，科学准确地确定本企业化学品的危险性说明、警示词、象形图和防范说明，编制或更新化学品安全技术说明书、安全标签等危险化学品登记信息，做好化学品危害告知和信息传递工作。

十、危险化学品在运输时，应当符合交通运输、铁路、民航等部门的相关规定。

十一、按照《危险化学品安全管理条例》第三条的有关规定，随着新化学品的不断出现、化学品危险性鉴别分类工作的深入开展，以及人们对化学品物理等危险性认识的提高，国家安全监管总局等10部门将适时对《目录》进行调整，国家安全监管总局也将会适时对危险化学品分类信息表进行补充和完善。

危险化学品目录（2015 年版）说明

一、危险化学品的定义和确定原则

定义：具有毒害、腐蚀、爆炸、燃烧、助燃等性质，对人体、设施、环境具有危害的剧毒化学品和其他化学品。

确定原则：危险化学品的品种依据化学品分类和标签国家标准，从下列危险和危害特性类别中确定：

1. 物理危险

爆炸物：不稳定爆炸物、1.1、1.2、1.3、1.4。

易燃气体：类别 1、类别 2、化学不稳定性气体类别 A、化学不稳定性气体类别 B。

气溶胶（又称气雾剂）：类别 1。

氧化性气体：类别 1。

加压气体：压缩气体、液化气体、冷冻液化气体、溶解气体。

易燃液体：类别 1、类别 2、类别 3。

易燃固体：类别 1、类别 2。

自反应物质和混合物：A 型、B 型、C 型、D 型、E 型。

自燃液体：类别 1。

自燃固体：类别 1。

自热物质和混合物：类别 1、类别 2。

遇水放出易燃气体的物质和混合物：类别 1、类别 2、类别 3。

氧化性液体：类别 1、类别 2、类别 3。

氧化性固体：类别 1、类别 2、类别 3。

有机过氧化物：A 型、B 型、C 型、D 型、E 型、F 型。

金属腐蚀物：类别 1。

2. 健康危害

急性毒性：类别 1、类别 2、类别 3。

皮肤腐蚀 / 刺激：类别 1A、类别 1B、类别 1C、类别 2。

严重眼损伤 / 眼刺激：类别 1、类别 2A、类别 2B。

呼吸道或皮肤致敏：呼吸道致敏物 1A、呼吸道致敏物 1B、皮肤致敏物 1A、皮肤致敏物 1B。

生殖细胞致突变性：类别 1A、类别 1B、类别 2。

致癌性：类别 1A、类别 1B、类别 2。

生殖毒性：类别 1A、类别 1B、类别 2、附加类别。

特异性靶器官毒性－一次接触：类别 1、类别 2、类别 3。

特异性靶器官毒性－反复接触：类别 1、类别 2。

吸入危害：类别 1。

3. 环境危害

危害水生环境－急性危害：类别 1、类别 2；危害水生环境－长期危害：类别 1、类别 2、类别 3。

危害臭氧层：类别 1。

二、剧毒化学品的定义和判定界限

定义：具有剧烈急性毒性危害的化学品，包括人工合成的化学品及其混合物和天然毒素，还包括具有急性毒性易造成公共安全危害的化学品。

剧烈急性毒性判定界限：急性毒性类别 1，即满足下列条件之一：大鼠实验，经口 $LD_{50} \leqslant 5$ mg/kg，经皮 $LD_{50} \leqslant 50$ mg/kg，吸入（4 h） $LC_{50} \leqslant 100$ mL/m³（气体）或 0.5 mg/L（蒸气）或 0.05 mg/L（尘、雾）。经皮 LD_{50} 的实验数据，也可使用兔实验数据。

三、《危险化学品目录》各栏目的含义

（一）"序号"是指《危险化学品目录》中化学品的顺序号。

（二）"品名"是指根据《化学命名原则》（1980 年）确定的名称。

（三）"别名"是指除"品名"以外的其他名称，包括通用名、俗名等。

（四）"CAS 号"是指美国化学文摘社对化学品的唯一登记号。

（五）"备注"是对剧毒化学品的特别注明。

四、其他事项

（一）《危险化学品目录》按"品名"汉字的汉语拼音排序。

（二）《危险化学品目录》中除列明的条目外，无机盐类同时包括无水和含有结晶水的化合物。

（三）序号 2828 是类属条目，《危险化学品目录》中除列明的条目外，符合相应条件的，属于危险化学品。

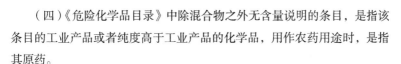

（四）《危险化学品目录》中除混合物之外无含量说明的条目，是指该条目的工业产品或者纯度高于工业产品的化学品，用作农药用途时，是指其原药。

（五）《危险化学品目录》中的农药条目结合其物理危险性、健康危害、环境危害及农药管理情况综合确定。

附录3　GB/T 24777—2009 化学品理化及其危险性检测实验室安全要求

1　范围

本标准规定了化学品理化及其危险性检测实验室的安全要求。

本标准适用于化学品理化及其危险性检测实验室。

2　规范性引用文件

下列文件中的条款，通过本标准的引用而成为本标准的条款。凡是注日期的引用文件，其随后所有的修改单（不包括勘误的内容）或修订版均不适用于本标准，然而，鼓励根据本标准达成协议的各方研究是否可使用这些文件的最新版本。凡是不注日期的引用文件，其最新版本适用于本标准。

GB 3836　爆炸性气体环境用电气设备

GB 4793　测量、控制和实验室用电气设备的安全要求

GB 13690　化学品分类和危险性公示　通则

GB 15258　化学品安全标签编写规定

GB 15603　常用化学危险品贮存通则

GB 50016　建筑设计防火规范

GB 50057　建筑物防雷设计规范

GB 50089　民用爆破器材工程设计安全规范

3 安全管理要求

3.1 一般要求

3.1.1 为保证实验室的安全运行，实验室应制定详细的、可操作的安全管理制度，责任落实到人，做到防火、防爆、防毒和防盗。

3.1.2 根据不同实验室的工作性质，遵照国家安全防范标准，做好声、光、电、磁、微波、射线等设备的管理，严格执行操作规范，防止各种意外泄露。

3.1.3 实验室建筑应为一、二级耐火等级，防火间距、安全出口等应符合 GB 50016 的要求，涉及爆炸品检测的实验室应符合 GB 50089 的要求。

3.1.4 有易燃、易爆、蒸气和气体散逸的实验室，电气设备应符合防爆要求。测量、控制和实验室用电气设备的安全要求应符合 GB 4793 的相关规定，爆炸性气体环境用电气设备应符合 GB 3836 的要求。

3.1.5 实验室的防雷设计应符合 GB 50057 的要求。

3.1.6 涉及爆炸物、易燃液体、易燃气体等易燃易爆物质的仪器设备、操作台等应采取接地、惰性气体保护、安装人体静电导除装置等防静电措施。

3.1.7 实验室应在适当的位置加贴明显的危险标识（如国际通用的有毒、有害、危险等标识）。

3.1.8 实验室应对工作人员进行上岗前的安全教育，并每年进行化学安全防护知识培训。

3.1.9 实验室应根据可能出现的实验室事故，制定实验室事故应急处理程序或预案，如放射性、有毒、有害气体及腐蚀性物质泄露；检出的重大有毒有害物质、样品的处理等。

3.1.10 实验室应根据可能出现的火灾类型配备合适的灭火器材，并组织相关人员定期演练。

3.2 危险化学品安全管理

3.2.1 危险化学品包括爆炸物、易燃气溶胶，氧化性气体、压力下气体、易燃液体、易燃固体、自反应物质、自燃液体、遇水放出易燃气体的物质、金属腐蚀物、氧化性液体、氧化性固体、有机过氧化物、有毒有害物质等，各类危险化学品的分类和危险性公示应符合 GB 13690 的要求。

3.2.2 实验室应根据化学品的性质，结合其使用、存储、废弃的特点进行管理。

3.2.2.1 设立化学品管理人员，建立相关化学品的管理程序和取用记录，并做好化学品存储的安全总量控制。

3.2.2.2 实验室应向相关人员介绍实验室内的化学试剂，并为他们提供每一种化学试剂的安全数据单 (SDS)。实验室工作人员应能方便地获得这些化学试剂的安全数据单，并熟悉每种化学试剂的特性。

3.2.2.3 在使用化学试剂前，试验人员应熟悉该试剂的安全使用规则、废弃处理原则以及意外情况发生后正确的处理措施等。使用有腐蚀性、毒性、易燃和不稳定的化学试剂之前，应遵守相应的管理规定。

3.2.2.4 化学试剂应按照其类别（如自燃性、氧化性、腐蚀性、易燃性和毒性等）存放，化学品的存放可参照 GB 15603 执行。有危害的液体试剂应使用有边缘保护的托盘存放。所有盛装危险化学试剂的容器都应有清晰的标签，标签应符合 GB 15258 的要求。试剂在使用后应放回原来的位置。

3.2.2.5 剧毒化学品、爆炸品要双人、双锁保管。领用时要实行专人审批、限量发放、双人监督配制等。称量和使用时要有安全防护措施。

3.2.2.6 遇火、遇热、遇潮能引起燃烧、爆炸或发生化学反应，产生有毒气体的化学品应注意防火、防热、防潮、防水。

3.2.2.7 受日光照射能发生化学反应引起燃烧、爆炸、分解、化合或能产生有毒气体的化学品应注意避光。

3.2.2.8 爆炸物在试验时应轻拿轻放，避免由于摩擦、振动、撞击发生爆炸。爆炸品应单独隔离限量贮存，实验室的存放量不宜过大，如果存放量较大，应存放于独立的仓库之内。仓库的选址、安全距离应符合 GB 50089 的要求。

3.2.2.9 压缩气体和液化气体应与爆炸品、氧化剂、易燃物、自燃物、腐蚀物隔离贮存。易燃气体应与助燃气体、剧毒气体隔离贮存；氧气应与油脂隔离贮存，盛装液化气体的容器属压力容器的，必须有压力表、安全阀、紧急切断装置，并定期检查，不得超装。

3.2.2.10　易燃液体、遇湿易燃物品、易燃固体不得与氧化剂混合贮存，具有还原性的氧化剂应单独存放。

3.2.2.11　有毒物品应贮存在阴凉、通风、干燥的场所，不宜露天存放，不宜接近酸类物质。

3.2.2.12　腐蚀性物品，应严密包装．避免泄漏，严禁与液化气体和其他物品共存。

3.2.2.13　实验室如果使用放射性试剂，应制定放射性试剂操作程序，该程序应包括对以下内容的详细说明：

  a)　使用放射性试剂的地方应有显著的标识（包括提示、警告和禁止等）；

  b)　出现放射性事故时应采取的行动和处理措施；

  c)　使用放射性试剂区域和未使用放射性试剂区域的划分；

  d)　未使用放射性试剂区域被放射性试剂污染的处理措施；

  e)　放射性试剂使用区域日常清洁和消毒的程序和方法。

3.2.2.14　所有与放射性试剂相关的人员都应接受放射性技术、放射性保护方面的指导和培训，遵守放射性试剂操作程序。

3.2.2.15　适宜时，实验室应任命至少一名放射性物质保护员和多名放射性物质保护监督员。放射性物质保护员负责设计、执行和维护放射性物质保护规划；放射性物质保护监督员负责监督日常工作，保证良好的放射性物质使用行为。实验室应明确规定放射性物质保护员和放射性物质保护监督员的任命、作用和职责。

3.2.2.16　在使用放射性试剂前，实验室应对使用目的、范围和地点进行评价。

3.3　废弃物处理

3.3.1　废弃物的管理原则是：

  a) 将获取、收集、运输和处理废弃物的风险减至最小；

b) 将废弃物对人体和环境的危害影响减至最小。

3.3.2 危险性废弃物的管理应符合相关法律法规的要求。

3.3.3 实验室应建立管理废弃物的制度和程序，该制度和程序应满足国家或地方的相关法律法规要求，还应包括废弃物的堆放和处置等方面的管理。

3.3.4 废液、废气、废渣等废弃物应分类收集、存放和集中处理，确保不扩大污染，避免交叉污染。存放废弃物的容器、冰箱等，应加贴通用的危险标识。

3.3.5 实验室应指定专人协调和负责处理废弃物。应确保废弃物只能由经过培训的人员处理，同时应采用适当的人员防护设备。无法在实验室妥善处理的剧毒品、致癌性废弃物应交环保部门或其他有资质的单位统一处理，并做好处理记录。

附录 4 SY/T 6563—2003 危险化学试剂使用与管理规定

1 范围

本标准规定了常用危险化学试剂的分类、采购、运输、装卸、储存、使用与管理要求。

本标准适用于石油工业化学实验室。

2 规范性引用文件

下列文件中的条款通过本标准的引用而成为本标准的条款。凡是注日期的引用文件，其随后所有的修改单（不包括勘误的内容）或修订版均不适用于本标准，然而，鼓励根据本标准达成协议的各方研究是否可使用这些文件的最新版本。凡是不注日期的引用文件，其最新版本适用于本标准。

GB 190 危险货物包装标志

GB 12463 危险货物运输包括通用技术条件

GB 13690—1992 常用危险化学品的分类及标志

GB 15603—1995 化学危险品贮存通则

3 术语和定义

下列术语和定义适用于本标准。

3.1 **化学试剂 chemical reagent**

　　化学试剂是指在实验室中用来分离、分析各种物质以及制备预定化学物质的较纯的化学品或其混配物。

3.2 **危险化学试剂 dangerous chemical reagent**

　　危险化学试剂是指可作用于环境、材料或动（植）物机体并产生机体损伤或功能改变、材料破坏或变性、污染环境的化学试剂。

4　分类

4.1 **危险化学试剂可分为八大类：**

　　a）爆炸性试剂；

　　b）压缩气体和液化气体；

　　c）氧化剂；

　　d）自燃性试剂；

　　e）遇水燃烧性试剂；

　　f）易燃试剂；

　　g）有毒化学试剂和腐蚀性化学试剂；

　　h）放射性试剂。

4.2 **化学试剂的具体毒害属性见 GB 13690—1992 的附录 A。**

5　采购

　　凡需要危险化学试剂的单位和部门均应持有地方政府有关部门核发的危险化学品采购证，向有资格经营化学试剂的部门或生产单位购买。

6　运输

6.1 运输危险化学试剂，应有明显标志，并有专人负责。

6.2 危险化学试剂的运输工具应配备相应的防护设施。

6.3 装运危险化学试剂前，应检查包装、标志，包装应符合 GB 12463 的规定，包装标志应符合 GB 190 的规定。

6.4　装运危险化学试剂时不得客货混装，无关人员不允许搭乘装运危险化学试剂的交通工具。

6.5　运输爆炸性试剂时，不应与酸、碱、油或其他危险物品混装。

6.6　氧化剂不得与酸类、有机物、还原剂等同车装运。一级无机氧化剂不得与有机氧化剂混装；亚硝酸盐类、亚氯酸盐类与次亚氯酸盐类不得与其他无机氧化剂混装。

6.7　运输自燃性试剂时，应按各类品种的性质区别对待。黄磷在储运时应始终浸没在水中；忌水的三异丁基铝包装应严密，不得受潮；三乙基铝、铝铁溶剂不应配装在甲板上，铁桶包装的一级自燃物品 (黄磷除外) 不能与铁制物品直接接触，层与层之间应用木材隔离，衬垫牢固，防止摩擦移动。

6.8　装运危险化学试剂的交通工具，行驶速度应加以控制，不得在城市及人口密集处停留；在中途停留时，应有专人看守。

7　装卸

7.1　装卸危险化学试剂时，装卸人员应配备相应的防护用品、用具。

7.2　装卸危险化学试剂时，应轻拿轻放，严防震动、撞击、摩擦、重压和倾倒。

7.3　工作完毕，使用工具应及时清洁处理。

8　储存

8.1　危险化学试剂应储存在专用储存室 (柜) 内，并设专人管理，储存量及储存安排应符合 GB 15603—1995 中第 6 章的规定。

8.2　危险化学试剂专用储存室 (柜)，应根据试剂的分类、分项、容器类型、储存方式和消防的要求，设置相应的安全防护设施；电器设备和照明装置应符合防爆要求。

8.3 危险化学试剂的储存室应有相应的安全标志。

8.4 危险化学试剂出入库时，应进行检查、验收、登记，对散落的化学试剂应及时分类清除、处理，不得将散落的不同试剂混合。

8.5 对性质不稳定，容易分解、变质和引起燃烧、爆炸的化学试剂，应定期进行检查。

8.6 爆炸性试剂的储存，应遵循先进先出的原则，以免储存时间过长，导致试剂变质。

8.7 爆炸性试剂、剧毒化学试剂的储存，应双人管理、双锁、双人收发、双人使用、双账。

8.8 不同品种的氧化剂应分别存放，不应与其性质相抵触的物品共同储存。

8.9 自燃性试剂应单独储存，储存处应通风、阴凉、干燥，远离明火及热源，防止太阳直射。

8.10 遇水燃烧性试剂附近不得有盐酸、硝酸等散发酸雾的物质存在。

8.11 遇水燃烧性试剂金属钠、钾等应浸没在煤油中保存，容器不得渗漏。

8.12 有毒化学试剂与腐蚀性化学试剂的储存地点应远离明火、热源、氧化剂、酸类，通风良好。

8.13 剧毒化学试剂的储存室应配备防毒、防盗、报警及隔离、消除与吸收毒物的设施。

9 使用

9.1 使用危险化学试剂的单位应建立安全管理制度和操作规程，建立消防和急救应急计划。

9.2 使用的危险化学试剂应有标识，使用单位应向操作人员提供安全技术说明书。

9.3 根据化学试剂的种类、性能，配备相应的安全防护设施，定期校验和维护，并有记录。

9.4　根据化学试剂的种类、性能，配备个人防护用品、用具，定点存放在安全方便的地方，并有专人保管。

9.5　使用遇水分解的氧化剂应防潮，灭火时严禁用水；遇酸发生爆炸的过氧化物着火时，不得用酸碱灭火剂灭火。

9.6　遇水燃烧性试剂灭火时，不得用水或酸碱、泡沫灭火器，一级遇水燃烧试剂中的活泼金属灭火时，不得用二氧化碳灭火器。

9.7　使用剧毒化学试剂应有专人监护，剩余部分应立即交回，并有记录。

9.8　工作场所不应存放过量的危险化学试剂。

9.9　工作场所应进行检测，至少每年一次，并建立职业卫生档案。

9.10　工作场所应有明显的安全标志。

9.11　工作场所应配备专门的废弃物品回收装置，对废弃的物品进行回收，有毒化学试剂与腐蚀性化学试剂废弃物根据性质不同应分别单独存放，未经处理不应随意向环境排放有毒、有害废物。

9.12　销毁、处理有燃烧、爆炸、中毒和其他危险的废弃化学试剂，应按地方政府主管部门的规定执行。

10　人员

10.1　操作人员应接受相应的培训，并取得合格证。

10.2　操作人员应遵守安全操作规程。

10.3　操作时应正确穿戴安全防护用品。

10.4　工作完毕，应及时更换工作服，清洗后方可离开工作现场。从事剧毒化学试剂操作的人员，应立即冲洗人体裸露部位，所用防护用具（如手套、口罩、工作服）应及时清洗、处理，单独存放。

10.5　接触危险化学试剂的人员，应熟练掌握急救器材、药物的使用方法和急救知识。一旦发生意外，应立即离开工作场所，进行自救互救，必要时送医院抢救治疗。

10.6　对从事危险化学试剂的作业人员，至少一年体检1次，并建立个人健康档案。

附录 5　DB35/T 971—2009 检测实验室安全管理要求

1　范围

本标准规定了检测实验室运作过程中人身和财产的安全要求、危险源识别评估与控制，并对检测实验室提出了安全管理要求。

本标准适用于从事检测工作的实验室内的一切工作人员及工作中所接触的仪器、设施、标准或消耗物质、服务等的安全管理，不包括生物安全实验室、医学实验室和实验室外的工作场所的安全。

2　规范性引用文件

下列文件对于本文件的应用是必不可少的。凡是注日期的引用文件，仅注日期的版本适用于本文件。凡是不注日期的引用文件，其最新版本（包括所有的修改单）适用于本文件。

GB/T 19000—2008 (IDT ISO 9000:2005) 质量管理体系 基础和术语

SY/T 6631—2005 危害辨识、风险评价和风险控制推荐做法

3　术语和定义

GB/T 19000—2008 中的以及下列术语和定义适用于本标准。

3.1　检测实验室

从事检测工作的实验室。检测是指按照规定程序，由确定给定产品的一种或多种特性、进行处理或提供服务所组成的技术操作。

3.2　危险源

可能导致人身伤害或疾病、财产损失、工作环境破坏或这些情况组合的根源或状态。

3.3　危险源识别

识别危险源的存在并确定其特性的过程。

3.4　危害

指一种物质或一种情况，该物质或情况具有潜在的能导致人受伤或影响健康、财产损失、环境破坏的损害。

3.5　事故

造成死亡、疾病、伤害、损坏或其他损失的意外情况。

3.6　事件

导致或可能导致事故的情况。

3.7　风险

某一特定危险情况发生的可能性和后果的组合。

3.8　风险评估

评价风险大小，以及确定风险是否可容许的全过程。

3.9　风险值

通过某一适用的方法对危险源的风险进行评价后得出风险大小的一个或一组数值。

3.10　安全

危害或损失被限制在可接受范围的一种状态。

4　安全要求

4.1　危险源识别

4.1.1　实验室应建立并执行对其所开展的活动进行危险源识别的程序。这些程序应包含：

——常规和非常规活动；

——所有进出工作场所的人员（包括合同方人员和访问者）的活动；

——工作场所的设施（无论由本实验室还是由外界所提供）；

——法规和其他要求。

4.1.2 实验室应列出本实验室内存在的和潜在的危险源，并从以下几个方面（不限于）对危险源进行识别：

——物理性危险源；

——化学性危险源；

——生物性危险源；

——心理、生理性危险源；

——行为性危险源；

——其他危险源。

注：以上危险源识别可参照附录A（资料性附录）进行。

4.2 危险源分析评估

4.2.1 风险评估

实验室应对识别出的危险源进行风险评估，风险评估应依据已有的知识和信息来确定危险源对工作人员、财产、环境和其他相关方的危害程度，并考虑在正常情况下、异常情况下、紧急情况下可能发生的危险的概率或频率。

评估可以以定量评价或其他方法对危险源确定危险性或风险值，但应为进行风险分级提供方便。

注：风险评估的定量评价方法有作业条件危险性评价法（LEC）等，定性方法有安全检查表法、危险性预分析法等，其适用范围可参照 SY/T 6631—2005，LEC法详见 5.7.2。

4.2.2 风险等级

实验室应根据本实验室活动的特点，对危险源按其危害程度或风险值的大小确定风险等级，为采取不同措施对不同风险等级的危险源进行预防及控制提供便利。

危险源可分为三个风险等级：

一般风险危险源：发生此类危险不会造成人员的重伤或死亡及重大财产损失。

重大风险危险源：能对人的生命或财产造成重大伤害或损失。

不可容许风险危险源：一旦发生，即可造成不可估量的或不可挽回的生命财产损失。

注：按照 LEC 法评估时，建议一般风险危险源的风险值为 D < 160，重大风险危险源的风险值为 160 ≤ D < 320，不可容许风险危险源风险值为 D ≥ 320。

4.3 危险源控制

4.3.1 总则

实验室建立的安全管理制度或程序应确保对各种危险源实施必要的控制，以达到降低或减少实验室风险，防止事故发生的目的。并确保在后续进行安全管理、运行控制、安全检查及应急响应与处理时对重大风险危险源加以重点考虑。

实验室在进行危险源风险控制时，适用时应考虑按以下控制步骤进行：

——消除实验室内的危险；

——采用替代物或替代方法来减少风险；

——隔离危险源来控制危险；

——应用工程控制，如局部排气通风来收集危害物或减少受危险物的影响；

——采用安全工作经验，包括改变工作方式来减少受危险物的影响；

——在采用其他控制在危险源的方法都不奏效时，应当使用合适人员保护设备。

注：减少实验的规模是一个重要而有效的控制手段。

4.3.2 危险源控制措施

一般风险危险源的控制可通过常规的管理与控制方法进行控制，如通过劳动防护或增加简单的安全设施、设安全警示等方法可消除或降低风险。

对于重大风险危险源检测实验室应编制出所识别的重大风险危险源清单，根据每一项重大风险危险源制定出具体的控制方案，并评审其充分性及有效性后实施。

当存在不可容许风险危险源时，原则上应立即停止工作，直到采取措施排除风险时，才能开始或继续工作。如果无限的资源投入也不能降低风险，就必须禁止工作。

为降低风险有时必须配备大量资源，当风险涉及正在进行的工作时，应采取应急措施。其控制措施还应符合国家相关法律法规的规定。

4.4 法律法规和其他要求

实验室应充分识别和获得适用的安全相关的法律法规和其他要求，及时更新有关法律法规和其他要求的信息，并将这些信息传达给员工和其他相关方，并确保在进行危险源识别、评估、控制时能符合相关法律法规的要求。

5 安全管理

5.1 组织机构

实验室应建立安全管理机构，明确规定负责安全管理的部门和/或人员（不管是专职或是兼职），确定他们进行安全管理的职责。实验室至少有一位经最高管理者授权的管理层人员负责实验室安全管理体系的运行控制。

检测实验室的安全管理部门应负责实验室安全管理和日常监督工作，在开展检测的部门应有专职或兼职的安全管理员，负责本部门的日常安全工作。

5.2 培训与指导

实验室应对所有进入实验室的人员进行安全培训与指导，应使进入实验室的人员明确本实验室的主要危险源、个人防护要求、应急情况的处理规定和步骤。

实验室还应对在其内工作的人员进行实验室安全相关的法律法规、

安全管理程序或制度、工作区域内的各种危险源、危险源的控制与防护知识，以及在应急情况下的安全处理和安全设备的使用和维护知识，紧急抢救知识等方面的培训。

实验室的安全培训与指导可以用宣讲、辅导和宣传标识（如明示标牌、警告语）等形式进行。实验室应确认安全培训和指导的有效性。

5.3　安全设备、设施与环境条件

5.3.1　安全设备和设施的配备

在实验室必须配备能够保证检测工作安全开展的空间，并考虑操作人员的行走路线、容量和重复操作。对于太阳光的直射会影响到正在进行的工作（如易挥发的化学物质），实验室内部场所应当避免阳光的直射。

如果实验室有可预见的火灾或爆炸风险则必须安装防火设备或自动报警设备。对于使用可能导致火灾或爆炸危险的物质的实验室，应当划分危险区。

实验室应按照相关法规要求配备基本人员防护设备和设施，所用安全设备必须在任何时候方便实验室人员都能取到，这些设备必须保证能够正常使用。

实验室应规定进入试验危险区的安全要求，必要时对实验室人员的衣服、饰品（如珠宝）、发型和鞋应有规定，并且对实验室人员和参观者提供保护性外套和安全设备。

5.3.2　环境条件的要求

实验室的工作环境应保持适当的温湿度、适当的采光，工作环境应无有害人身健康的辐射（射线、电磁、光等）、噪声、有害气体等污染，实验室走廊、楼梯、出口均应保持畅通，实验室工作环境应考虑人性化设计。

不能达到规定安全要求的环境条件，其内工作人员应采取防护措施，必要时应限制人员在实验室内的工作时间。

5.4　安全运行

5.4.1　安全运行管理

实验室应制定和执行检测工作相关活动的安全管理程序，程序应包含定期对危险源的识别、评估、控制和检查要求，应包括安全设备的配备、使用与维护要求，以及满足本标准的其他要求。

5.4.2　安全控制

实验室人员应明确所进行的检测活动相关的危险源，清楚工作时用到的材料和设备的危害性，所使用的试验方法均应是有合法依据的不会影响健康的方法。实验室人员应按照危险源控制的要求开展工作，在实验室的工作量、工作类型和检测方法发生变化时（如采用新的化学品时，或实验室使用功能改变或升级时），应当重新进行危险源识别和安全风险评估，并做好相应控制。

实验室应建立试验废弃物安全收集、识别、存储和处理的程序。员工必须清楚处理有害废弃物的具体设备和程序。

5.4.3　安全信息与记录

实验室应对有关安全的信息（包括文件、程序、明示标识等）及相关法律法规进行定期核查和更新，以确保其有效性。最新实验室安全管理信息应及时传达到相关人员。

对于已发生的安全事件或事故，实验室应组织相关部门的人员分析导致事件或事故的发生原因，并尽快制定和采取正确的行动，或进行适当的整改以确保不再发生类似事件或事故。对事件和事故的记录，以及采取的措施应当根据相关程序保存。

实验室应保留安全活动的工作记录和检查记录。

5.5　应急响应与处理

实验室应制定应对重大危险源应急情况的安全管理预备方案，安全管理预备方案应形成文件，其内容至少包含应急状态的识别、应急情况发生时的报告要求和途径、应急管理相关人员的职责和联系方式、消除安全危险或危害的应急处理措施和步骤、应急撤离路线和紧急撤离的集合地点、社会救助渠道与联系方式、应急状态发生后的过程记录与原因分析要求等。

实验室应对安全管理预备方案进行培训，以保证每位人员能够掌握和理解安全管理预备方案，特别是应急撤离路线和紧急撤离的集合地点。

可行时，实验室应定期测试安全管理预备方案，并定期评价安全管理预备方案的有效性。

5.6 安全检查

实验室应定期进行安全检查，以确定各项检测活动和安全设备设施符合安全管理要求的规定，检查应依据（涵盖）安全管理程序要求、危险源的控制情况和应急安全管理预备方案的各项要求，检查结果应形成记录，对检查发现的问题应提出整改要求。

5.7 改进与预防

实验室应对发现的不满足安全管理要求的活动、设备和设施进行纠正和改进，使其符合规定要求，以消除或降低实验室的安全风险。

实验室应采取适当的纠正和预防措施来消除实际存在和 / 或潜在的不安全因素，并记录因纠正和预防措施引起安全管理程序或预案文件更改的内容。

5.7.1 实验室活动过程中各种主要危险源及分类

（1）导言

本部分对实验室进行危险源识别提供指导，用以提示实验室进行危险源识别应关注的因素，实验室在应用本部分时可根据实验室工作的特点进行适当的选择或增减。

（2）物理性危险源

①设备、设施缺陷 (强度不够、刚度不够、稳定性差、密封不良、应力集中、外形缺陷、外露运动件、操纵器缺陷、制动器缺陷、控制器缺陷、设备设施其他缺陷等)；

②防护缺陷 (无防护、防护装置和设施缺陷、防护不当、防护距离不够、其他防护缺陷等)；

③电危害 (带电部位裸露、漏电、雷电、静电、电火花、其他电危害等)；

④噪声危害 (机械性噪声、电磁，流体动力性噪声、其他噪声等)；

⑤振动危害 (机械性振动、电磁性振动、流体动力性振动、其他振动危害等)；

⑥辐射 (电离辐射, 包括 X 射线、γ 射线、α 粒子、β 粒子、质子、中子、高能电子束等; 非电离辐射, 包括紫外线、激光、射频辐射、超高压电场等);

⑦运动物危害 (固体抛射物、液体飞溅物、坠落物、反弹物、土 / 岩滑动、料堆 (垛) 滑动、飞流卷动、冲击地区、其他运动物危害等);

⑧明火;

⑨能造成灼伤的高温物质 (高温气体、高温液体、高温固体、其他高温物质等);

⑩能造成冻伤的低温物质 (低温气体、低温液体、低温固体、其他低温物质等);

⑪粉尘与气溶胶 (不包括爆炸性、有毒性粉尘与气溶胶);

⑫作业环境不良 (基础下沉、安全过道缺陷、采光照明不良、有害光照、缺氧、通风不良、空气质量不良、给 / 排水不良、涌水、强迫体位、气温过高、气温过低、气压过高、气压过低、高温高湿、自然灾害、其他作业环境不良等);

⑬信号缺陷 (无信号设施、信号选用不当、信号位置不当、信号不清、信号显示不准、其他信号缺陷等);

⑭标志缺陷 (无标志、标志不清晰、标志不规范、标志选用不当、标志位置缺陷、其他标志缺陷等);

⑮其他物理性危险源。

（3）化学性危险源

①易燃易爆性物质 (易燃易爆性气体、易燃易爆性液体、易燃易爆性固体、易燃易爆性粉尘与气溶胶、遇湿易燃物质和自燃性物质、其他易燃易爆性物质等);

②反应活性物质 (氧化剂、有机过氧化物、强还原剂);

③有毒物质 (有毒气体、有毒液体、有毒固体、有毒粉尘与气溶胶、其他有毒物质等);

④腐蚀性物质 (腐蚀性气体、腐蚀性液体、腐蚀性固体、其他腐蚀性

物质等);

⑤其他化学性危险源。

(4) 生物性危险源

①致病微生物 (细菌、病毒、其他致病性微生物等);

②传染病媒介物;

③致害动物;

④致害植物;

⑤其他生物危险源。

(5) 心理、生理性危险源

①负荷超限 (体力负荷超限、听力负荷超限、视力负荷超限、其他负荷超限);

②健康状况异常;

③从事禁忌作业;

④心理异常 (情绪异常、冒险心理、过度紧张、其他心理异常);

⑤识别功能缺陷 (感知延迟、识别错误、其他识别功能缺陷);

⑥其他心理、生理性危险源。

(6) 行为性危险源

①指挥错误 (指挥失误、违章指挥、其他指挥错误);

②操作错误 (误操作、违章作业、其他操作错误);

③监护错误;

④其他行为性危险源。

(7) 其他危险源

①搬举重物;

②作业空间;

③工具不合适;

④标识不清。

5.7.2　工作条件危险性评价法 LEC

(1) 概述

工作条件危险性评价法LEC是由美国安全专家K.J. 格雷厄姆(Keneth J. Graham) 和 G. F. 金尼 (Gilbert F.' Kinney) 提出的一种简单易行的评价作业条件危险性的方法。

格雷厄姆和金尼研究了人们在具有潜在危险环境中作业的危险性，提出了以所评价的环境与某些作为参考环境的对比为基础，将作业条件的危险性（风险值）作为因变量 (D)，事故或危险事件发生的可能性 (L)、暴露于危险环境的频率 (E) 及危险严重程度 (C) 作为自变量，确定了它们之间的函数式。根据实际经验，他们给出了 3 个自变量的各种不同情况的分数值，采取对所评价的对象根据情况进行"打分"的办法，然后根据公式计算出其危险性分数值，再在按经验将危险性分数值划分的危险程度等级表或图上，查出其危险程度的一种评价方法。

（2）LEC法

$$D = LEC$$

式中：

D——风险性；

L——事故或危险事件发生可能性；

E——暴露于危险环境的频率；

C——危险严重度。

（3）评价标准

即风险评价标准见附表5-1。

附表5-1　危险源风险评价标准

事故或危险事件发生可能性（L）		暴露于危险环境的频率（E）		危险严重度（C）	
分数	事故或危险情况发生可能性	分数	事故或危险情况发生频率	分数	发生事故产生的后果
10	完全可能，会被预料到	10	连续暴露于潜在危险环境	100	大灾难，许多人死亡

续表

事故或危险事件发生可能性（L）		暴露于危险环境的频率（E）		危险严重度（C）	
6	相当可能	6	逐日在工作时间内暴露	40	灾难，数人死亡
3	不经常，但可能	3	每周一次或偶然地暴露	15	非常严重，重伤
1	完全意外，极少可能	2	每月暴露一次	7	严重，重伤
0.5	可以设想，但高度不可能	1	每年几次出现在潜在危险环境	3	重大，致残
0.2	极不可能	0.5	非常罕见地暴露	1	引人注目，不符合基本的健康安全要求
0.1	实际上不可能				

注：事故或危险事件发生可能性分数（L）应充分考虑"危险源的管理现状"（如有无管理措施、是否受控等）。

（4）评价结果

即风险等级划分 (D) 标准见附表 5–2

附表 5–2　风险等级划分

D 值	危险等级划分（D 值——风险级别值）
> 320	极其危险，不能继续作业。
160 ～ 320	高度危险要立即整改。
70 ～ 160	显著危险，需要整改。

D 值	危险等级划分（D 值——风险级别值）
20 ~ 70	一般危险，需要注意。
< 20	稍有危险可以接受。

　　注：不管是定性或定量风险评价方法，每个评价方法都有各自的优缺点，对具体的评价对象，必须选用合适的方法才能取得良好的评价效果。LEC 法为一种定量的评价法，也存在一定的局限性，各实验室应根据本实验室适用情况选择采用。对于部分危险源，其事故或危险情况发生的可能性很低，事故或危险情况发生频率也不高，但一旦发生就会造成灾难性后果的，尽管评分低于 160 分，也可以直接确定为重大风险危险源；实验室可以考虑综合采用不止一种的评价方法进行实验室危险源风险评估以期达到最佳的评估效果。

附录6 GB/T 16483—2008 化学品安全 技术说明书内容和项目顺序

1 范围

本标准规定了化学品安全技术说明书(SDS)的结构、内容和通用形式。

本标准适用于化学品安全技术说明书的编制。

本标准既不规定 SDS 的固定格式，也不提供 SDS 的实际样例。

2 术语和定义

下列术语和定义适用于本标准。

2.1 化学品 chemical product

物质或混合物。

2.2 物质 substance

自然状态下或通过任何制造过程获得的化学元素及其化合物，包括为保持其稳定性而有必要的任何添加剂和加工过程中产生的任何杂质，但不包括任何不会影响物质稳定性或不会改变其成分的可分离的溶剂。

2.3 接触控制 exposure control

为保护化学品的接触人员而采取的整套预防措施。

2.4 GHS 分类 GHS classification

根据物质或混合物的物理、健康、环境危害特性，按《全球化学品统一分类和标签制度》(GHS) 的分类标准，对物质的危险性进行的分类。

2.5 伤害 harm

是指对人体健康的物理伤害或损害，以及对财产或环境造成的损害。

2.6 危险 hazard

潜在的伤害源。

2.7 危险性说明 hazard statement

对危险种类和类别的说明，描述某种化学品的固有危险，必要时包括危险程度。

2.8 成分 ingredient

组成某种化学品的组分。

2.9 预期用途 intended use

供应商提供的关于产品、工艺和服务的信息中明确可以使用的用途。

2.10 标签 label

用于标示化学品所具有的危险性和安全注意事项的一组文字、图形符号和编码组合，它可粘贴、喷印或挂拴在化学品的外包装或容器上。

2.11 标签要素 label element

标签上用于表示化学品危险性的一类信息，例如图形符号、警示词等。

2.12 防范说明 precautionary statement

用文字或图形符号描述的降低或防止与危险化学品接触，确保正确储存和搬运的有关措施。

2.13 配制品 preparation

含两种或多种物质组成的混合物或溶液。

2.14 象形图 pictogram

由符号及其他图形要素，如边框、背景图案和颜色组成，表述特定信息的图形组合。

2.15 可预见的错误用途 reasonably foreseeable misuse

不在供应商提供的关于产品、工艺和服务的信息中明确可以使用的用途范围之内，但在实际使用过程中，被误用概率非常高的错误用途。

2.16　下游用户 recipient

为工业或专业使用，比如储存、搬运、处理加工或包装而从供应商处接受化学品的中间人员或最终用户。

2.17　风险 risk

能导致伤害发生的概率和伤害的严重程度。

2.18　安全 safety

免除不可接受的风险。

2.19　警示词 signal word

标签上用于表明化学品危险性相对严重程度和提醒接触者注意潜在危险的词语。如：GHS 规定，"警示词"使用"危险"和"警告"。

2.20　供应商 supplier

向下游用户供应某种化学品的团体。

2.21　符号 symbol

简明地传达安全信息的图形要素。

3　概况

总体上一种化学品应编制一份 SDS。

3.1　SDS 中包含的信息是与组成有关的非机密信息，其成分可以按照附录 A 中 A.4 第 3 部分的规定，以不同的方式提供。

3.2　供应商应向下游用户提供完整的 SDS，以提供与安全、健康和环境有关的信息。供应商有责任对 SDS 进行更新，并向下游用户提供最新版本的 SDS。

3.3　SDS 的下游用户在使用 SDS 时，还应充分考虑化学品在具体使用条件下的风险评估结果，采取必要的预防措施。SDS 的下游用户应通过合适的途径将危险信息传递给不同作业场所的使用者，当为工作场所提出具体要求时，下游用户应考虑有关的 SDS 的综合性建议。

3.4　由于 SDS 仅和某种化学品有关，它不可能考虑所有工作场所可能发生的情况，所以 SDS 仅包含了保证操作安全所必备的一部分信息。

3.5　SDS 应按使用化学品工作场所控制法规总体要求，提供某一种物质或混合物有关的综合性信息。

　　注：当化学品是一种混合物时，没有必要编制每个相关组分的单独的 SDS。编制和提供混合物的 SDS 即可。当某种成分的信息不可缺少时，应提供该成分的 SDS。

4　SDS 的内容和通用形式

4.1　SDS 将按照下面 16 部分提供化学品的信息，每部分的标题、编号和前后顺序不应随意变更。

　　1) 化学品及企业标识；

　　2）危险性概述；

　　3）成分 / 组成信息；

　　4）急救措施；

　　5）消防措施；

　　6）泄漏应急处理；

　　7）操作处置与储存；

　　8）接触控制和个体防护；

　　9）理化特性；

　　10）稳定性和反应性；

　　11）毒理学信息；

　　12）生态学信息；

　　13）废弃处置；

　　14）运输信息；

　　15）法规信息；

　　16）其他信息。

　　注：为方便 SDS 编制者识别不同化学品的 SDS，SDS 应该设定 SDS 编号。

4.2　在 16 部分下面填写相关的信息，该项如果无数据，应写明无数据原因。16 部分中，除第 16 部分"其他信息"外，其余部分不能留下空项。SDS 中信息的来源一般不用详细说明。

注：最好提供信息来源，以便阐明依据。

4.3　对应于 16 部分的内容应依据附录 A 的建议和要求来完成。

4.4　对 16 部分可以根据内容细分出小项，与 16 部分不同的是这些小项不编号。

4.5　16 部分要清楚地分开，大项标题和小项标题的排版要醒目。

4.6　使用小项标题时，应按附录 A 中指定的顺序排列。

4.7　SDS 的每一页都要注明该种化学品的名称，名称应与标签上的名称一致，同时注明日期和 SDS 编号。日期是指最后修订的日期。页码中应包括总的页数，或者显示总页数的最后一页。

注：1. 化学品的名称应该是化学名称或用在标签上化学品的名称。如果化学名称太长，缩写名称应在第 1 部分或第 3 部分描述。

2. SDS 编号和修订日期（版本号）写在 SDS 的首页，每页可填写 SDS 编号和页码。

3. 第 1 次修订的修订日期和最初编制日期应写在 SDS 的首页。

4.8　SDS 正文的书写应该简明、扼要、通俗易懂。推荐采用常用词语。SDS 应该使用用户可接受的语言书写。

4.8.1　SDS 编写导则

（1）概述

本导则用于指导编写化学品的 SDS，以保证 SDS 中的每项内容都能使下游用户对安全、健康和环境采取必要的防护或保护措施。

——按照本导则的建议和要求编写 SDS。

——本导则列出了 SDS 中 16 部分应包括的主要条目。未列入的条目可以根据需要追加。

——SDS 中这些主要条目称为小项，用下划线突出显示。

——有些信息与 SDS 有关但未作为一条目列入本导则，可在相关项目下追加该条目。

——对于给定化学品，并非所有条目都适用，可以根据具体情况进行选择。

（2）第1部分——化学品及企业标识

主要标明化学品的名称，该名称应与安全标签上的名称一致，建议同时标注供应商的产品代码。

应标明供应商的名称、地址、电话号码、应急电话、传真和电子邮件地址。

该部分还应说明化学品的推荐用途和限制用途。

（3）第2部分——危险性概述

该部分应标明化学品主要的物理和化学危险性信息，以及对人体健康和环境影响的信息，如果该化学品存在某些特殊的危险性质，也应在此处说明。

如果已经根据GHS对化学品进行了危险性分类，应标明GHS危险性类别，同时应注明GHS的标签要素，如象形图或符号、防范说明，危险信息和警示词等。象形图或符号如火焰、骷髅和交叉骨可以用黑白颜色表示。GHS分类未包括的危险性（如粉尘爆炸危险）也应在此处注明。

应注明人员接触后的主要症状及应急综述。

（4）第3部分——成分/组成信息

该部分应注明该化学品是物质还是混合物。

如果是物质，应提供化学名或通用名、美国化学文摘登记号（CAS号）及其他标识符。

如果某种物质按GHS分类标准分类为危险化学品，则应列明包括对该物质的危险性分类产生影响的杂质和稳定剂在内的所有危险组分的化学名或通用名、以及浓度或浓度范围。

如果是混合物，不必列明所有组分。

如果按GHS标准被分类为危险的组分，并且其含量超过了浓度限值，应列明该组分的名称信息、浓度或浓度范围。对已经识别出的危险组分，也应该提供被识别为危险组分的那些组分的化学名或通用名、浓度或浓度范围。

（5）第4部分——急救措施

该部分应说明必要时应采取的急救措施及应避免的行动，此处填写的文字应该易于被受害人和（或）施救者理解。

根据不同的接触方式将信息细分为：吸入、皮肤接触、眼睛接触和食入。

该部分应简要描述接触化学品后的急性和迟发效应、主要症状和对健康的主要影响，详细资料可在第11部分列明。

如有必要，本项应包括对保护施救者的忠告和对医生的特别提示。

如有必要，还要给出及时的医疗护理和特殊的治疗。

（6）第5部分——消防措施

该部分应说明合适的灭火方法和灭火剂，如有不合适的灭火剂也应在此处标明。

应标明化学品的特别危险性（如产品是危险的易燃品）。

标明特殊灭火方法及保护消防人员特殊的防护装备。

（7）第6部分——泄漏应急处理

该部分应包括以下信息：

——作业人员防护措施、防护装备和应急处置程序。

——环境保护措施。

——泄漏化学品的收容、清除方法及所使用的处置材料（如果和第13部分不同，列明恢复、中和和清除方法）。

——提供防止发生次生危害的预防措施。

（8）第7部分——操作处置与储存

——操作处置

应描述安全处置注意事项，包括防止化学品人员接触、防止发生火灾和爆炸的技术措施和提供局部或全面通风、防止形成气溶胶和粉尘的技术措施等。还应包括防止直接接触不相容物质或混合物的特殊处置注意事项。

——储存

应描述安全储存的条件(适合的储存条件和不适合的储存条件)、安全技术措施、同禁配物隔离储存的措施、包装材料信息(建议的包装材料和不建议的包装材料)。

(9)第8部分——接触控制和个体防护

列明容许浓度,如职业接触限值或生物限值。

列明减少接触的工程控制方法,该信息是对第7部分内容的进一步补充。

如果可能,列明容许浓度的发布日期、数据出处、实验方法及方法来源。

列明推荐使用的个体防护设备。例如:

——呼吸系统防护;

——手防护;

——眼睛防护;

——皮肤和身体防护。

标明防护设备的类型和材质。

化学品若只在某些特殊条件下才具有危险性,如量大、高浓度、高温、高压等,应标明这些情况下的特殊防护措施。

(10)第9部分——理化特性

该部分应提供以下信息:

——化学品的外观与性状,例如:物态、形状和颜色;

——气味;

——pH值,并指明浓度;

——熔点/凝固点;

——沸点、初沸点和沸程;

——闪点;

——燃烧上下极限或爆炸极限;

——蒸气压；

——蒸气密度；

——密度／相对密度；

——溶解性；

——n-辛醇／水分配系数；

——自燃温度；

——分解温度；

如果有必要，应提供下列信息：

——气味阈值；

——蒸发速率；

——易燃性(固体、气体)。

也应提供化学品安全使用的其他资料，例如：放射性或体积密度等。

应使用 SI 国际单位制单位，见 ISO1000：1992 和 ISO1000：1992/Amd 1：1998。可以使用非 SI 单位，但只能作为 SI 单位的补充。

必要时，应提供数据的测定方法。

(11)第 10 部分——稳定性和反应性

该部分应描述化学品的稳定性和在特定条件下可能发生的危险反应。应包括以下信息：

——应避免的条件(例如：静电、撞击或震动)；

——不相容的物质；

——危险的分解产物，一氧化碳、二氧化碳和水除外。

填写该部分时应考虑提供化学品的预期用途和可预见的错误用途。

(12)第 11 部分——毒理学信息

该部分应全面、简洁地描述使用者接触化学品后产生的各种毒性作用(健康影响)。

应包括以下信息：

——急性毒性；

——皮肤刺激或腐蚀；

——呼吸或皮肤过敏；

——生殖细胞突变性；

——致癌性；

——生殖毒性；

——特异性靶器官系统毒性———次性接触；

——特异性靶器官系统毒性——反复毒性；

——吸入危害。

可以提供下列信息：

毒代动力学、代谢和分布信息。

注：体外致突变实验数据如 Ames 实验室数据，在生殖细胞致细胞条目中描述。

如果可能，分别描述一次性接触、反复接触与连续接触所产生的毒性作用，迟发效应和即时效应应分别说明。

潜在的有害效应，应包括与毒性值（例如急性毒性值估计值）测试观察到的有关症状、理化、毒理学特性。

应按照不同的接触听（如：吸入、皮肤接触、眼睛接触、食入）提供信息。

如果可能，提供更多的科学实验产生的数据或结果，并标明引用文献资料来源。

如果混合物没有作为整体进行毒性实验，应提供每个组分的相关信息。

（13）第 12 部分——生态学信息

该部分提供化学品的环境影响、环境行为和归宿方面的信息，如：

——化学品在环境中的预期行为，可能对环境造成的影响 / 生态毒性；

——持久性和降解性；

——潜在的生物累积性；

——土壤中的迁移性。

如果可能，提供更多的科学实验产生的数据或结果，并标明引用文献资料来源。

　　如果可能，提供任何生态学限值。

　　（14）第 13 部分——废弃处置

　　该部分包括为安全和有利于环境保护而推荐的废弃处置方法信息。这些处置方法适用于化学品（残余废弃物），也适用于任何受污染的容器和包装。

　　提醒下游用户注意当地废弃处置法规。

　　（15）第 14 部分——运输信息

　　该部分包括国际运输法规规定的编号与分类信息，这些信息应根据不同的运输方式，如陆运、海运和空运进行区分。

　　应包含以下信息：

　　——联合国危险货物编号 (UN 号)；

　　——联合国运输名称；

　　——联合国危险性分类；

　　——包装组 (如果可能)；

　　——海洋污染物 (是 / 否)；

　　——提供使用者需要了解或遵守的其他与运输或运输工具有关的特殊防范措施。

　　可增加其他相关法规的规定。

　　（16）第 15 部分——法规信息

　　该部分应标明使用本 SDS 的国家或地区中，管理该化学品的法规名称。

　　提供与法律相关的法规信息和化学品标签信息。

　　提醒下游用户注意当地废弃处置法规。

　　（17）第 16 部分——其他信息

　　该部分应进一步提供上述各项未包括的其他重要信息。

　　例如：可以提供需要进行的专业培训、建议的用途和限制的用途等。

　　参考文献可在本部分列出。

参考文献

[1] 何晋浙.高校实验室安全管理于技术[M].北京：中国计量出版社，2009.

[2] 北京大学化学与分子工程学院.化学实验室安全知识教程[M].北京：北京大学出版社，2012.

[3] 裴爱德斯.化学实验室安全手册[M].郑小陶，郑希涛，译.南宁：广西师范学院，1979.

[4] 李运华.安全生产事故隐患排查实用手册[M].北京：化学工业出版社，2012.

[5] 崔政斌，崔佳，孔垂玺.危险化学品安全技术[M].北京：化学工业出版社，2010.

[6] 孙维生.常见危险化学品的危害与防治[M].北京：化学工业出版社，2005.

[7] 任引津，张寿林.急性化学物中毒救援手册[M].上海：上海医科大学出版社，1994.

[8] 岳茂兴.危险化学品事故急救[M].北京：化学工业出版社，2005.

[9] 孙绍玉.火灾防范与火场逃生概论[M].北京：中国人民公安大学出版社，2001.

[10] 杨有启.用电安全技术[M].2版.北京：化学工业出版社，1996.

[11] 刘有道.压力容器安全技术[M].北京：中国石油出版社，2009.

[12] 国家安全生产监督管理总局.危险与可操作性分析（HAZOP分析）应用导则：AQ/T 3049—2013[S].北京：中国标准出版社，2013.

[13] 中华人民和国国家质量监督检验检疫总局，中国国家标准化管理委员会.实验玻璃仪器玻璃烧起的安全要求：GB 21594—2008[S].北京：中国标准出版社，2013.